U0150731

# 令人着迷的生物

【日】左卷健男/主编
陈　东/译

天地出版社 | TIANDI PRESS

图书在版编目（CIP）数据

令人着迷的生物 /（日）左卷健男主编；陈东译.
—成都：天地出版社，2022.4
（令人着迷的科学知识）
ISBN 978-7-5455-6486-0

Ⅰ.①令… Ⅱ.①左… ②陈… Ⅲ.①生物－少儿读物 Ⅳ.①Q-49

中国版本图书馆CIP数据核字（2021）第149886号

たのしい理科の小話事典 小学校編


LING REN ZHAOMI DE SHENGWU
令人着迷的生物

出品人　杨　政
主　编　【日】左卷健男
译　者　陈　东
责任编辑　曾　真
封面设计　墨创文化
电脑制作　跨　克
责任印制　刘　元

出版发行　天地出版社
（成都市槐树街2号　邮政编码：610014）
（北京市方庄芳群园3区3号　邮政编码：100078）
网　址　http://www.tiandiph.com
电子邮箱　tianditg@163.com
经　销　新华文轩出版传媒股份有限公司

印　刷　北京文昌阁彩色印刷有限责任公司
版　次　2022年4月第1版
印　次　2022年4月第1次印刷
开　本　880mm × 1230mm　1/32
印　张　4.25
字　数　97千字
定　价　28.00元
书　号　ISBN 978-7-5455-6486-0



咨询电话：（028）87734639（总编室）
购书热线：（010）67693207（营销中心）

# 前言

编撰本书的宗旨，主要是希望能够为小学科学课程提供相关资料，希望所涉及的话题可以引起孩子们的兴趣。

本书在内容上主要是以小学科学中涉及的话题为中心，同时也涉及很多中学理科中可以用到的内容。

编写这本书是有原因的。坦率地说，我想让读者们都知道——

---

**自然科学很有趣**

**身边到处都存在着自然科学，或者是应用了自然科学的技术**

---

自然科学，有很多自然的不可思议，是一个戏剧般的世界。让我们一点点地了解它，自然世界的大门就会逐渐地向我们敞开。尽管还有许许多多的未解之谜，但是人类已经通过探索弄清楚了许多。我们想为读者们展示一个已经清晰明了了的自然科学的世界。

另外，在我们的生活中有很多的事物和现象。当用自然科学的眼光来看时，我们会觉得“原来如此”。如果不能以科学的视角去看，可能很多事情和现象也就被我们错过了呢。

各种各样的产品，都是科学技术应用的产物。

我希望通过阅读这本书，首先可以让老师们觉得“原来如此”“有道理”。如果老师们阅读后都没有感悟的话，那么孩子们也不会有所感悟吧。

我想，无论是从事小学科学教学的老师们，还是那些为孩子答疑解惑的父母，为了让孩子了解科学的奥秘和趣味并爱上科学，引导孩子阅读本书都是不错的选择。

本书中涉及了超过小学科学水平的扩展知识。

当遇到那些不理解的知识时，孩子们肯定会产生相应的疑问，而这些疑问和思考，恰好会和日后的理科知识的学习息息相关。

如果本书能使更多的人觉得科学课程变得有趣或者觉得自然科学有趣的话，我们会十分欣喜。

本书的编写者们，同时也是一起策划并发行月刊*Rika Tan*（理科探险）的伙伴们。*Rika Tan*（理科探险）是以爱好科学的成年人为读者对象的杂志，欢迎大家阅读。

最后，我要感谢东京书籍出版社编辑部的角田晶子女士。她承担了全书的编辑工作，并不断地激励着写作缓慢的我们，指导我们最终完成了本书。在此致谢！

左卷健男

# 目录

# 昆虫是动物吗？

## 植物和动物

在我们的身边，有各种各样的生物。如果把它们分为植物和动物的话，要怎么分呢？

可能大家心目中的动物是像猫啊，狗啊，老鼠啊，乌鸦啊之类的。那么蜻蜓、蝴蝶和蜘蛛是否也算动物呢？

## 植物和动物的区别

植物和动物相比较，二者有什么区别呢？“会动，还是不会动”，等等，有很多的观点。可是，就算是植物，也有会动的。就算是动物，也有几乎不活动的呢。

植物以水和二氧化碳为原料，利用阳光来进行光合作用，通过光合作用，为自己制造养分。

而动物，却不能够自己制造养分，因此，就必须依靠食用其他生物来生存。

获取营养的方式，就是动物和植物最大的区别。

## 虽然叫作“虫子”

那么昆虫，是什么样的生物呢？像吸食花蜜的蝴蝶，吃草的蚱蜢，也要依靠食用其他生物为生，所以昆虫也是动物。

昆虫，是具有共同点的。那就是它们的身体结构。首先，它们的躯干都是由3个部分组成的，分别是头部、胸部和腹部。在头部，有触角和嘴。虽然它们吃的食物各种各样，但是，不管是哪种昆虫，都是用嘴来吃食的。

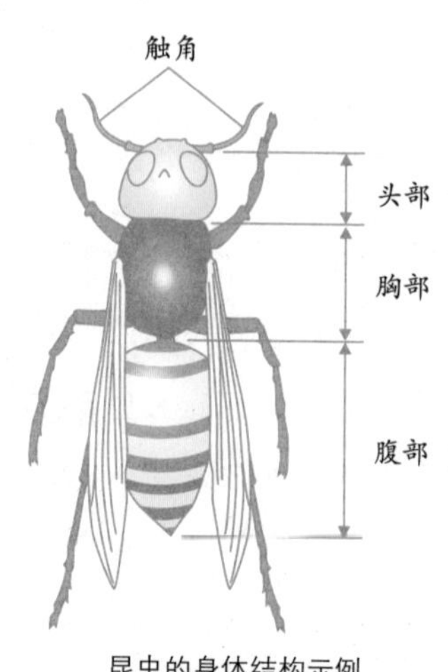

昆虫的身体结构示例

在它们的胸部，有6条腿和1～2对翅膀。虽然也有不长翅膀的昆虫，但是昆虫的基本形态就是6条腿、2或4只翅膀。

在昆虫的腹部，除了有可以消化食物的肠，还有可以呼吸的叫作“气门”的小气孔。昆虫不是用嘴来呼吸的，而是利用腹部上的小气孔来进行呼吸。如果抓到了昆虫的话，可以观察一下它腹部的活动哦。

外观看起来截然不同的蜻蜓和蚱蜢，其实也有很多的共同点。

昆虫，存在于地球上的各个角落，仅仅是我们已经知道的就有100多万种。在现在我们已知的动物中，有80%以上是昆虫呢。

有时候，我们也管昆虫叫“虫子”。说到虫子，球潮虫、鼠妇、蜈蚣、蜘蛛之类的，也是虫子，只是，这些“虫子”并不是昆虫。

它们身体的组成部分和腿的条数是完全不一样的。那为什么还管它们叫虫子呢？昆虫和蜘蛛、蜈蚣一样，都属于节肢动物这一大门类。这些动物的身体特征有一个共通点，就是它们的腿和身体都是由若干节组成的。而且它们的身体外部是有坚硬的骨头保护着的，这点和我们人类是不同的。因为骨头是在外面的，所以叫作“外骨骼”。

说到骨头在外部的动物，大家会想到什么东西呢？我们平时吃的虾和蟹，都是属于节肢动物门的动物。但是啊，却没有人管虾和蟹叫虫子呢。

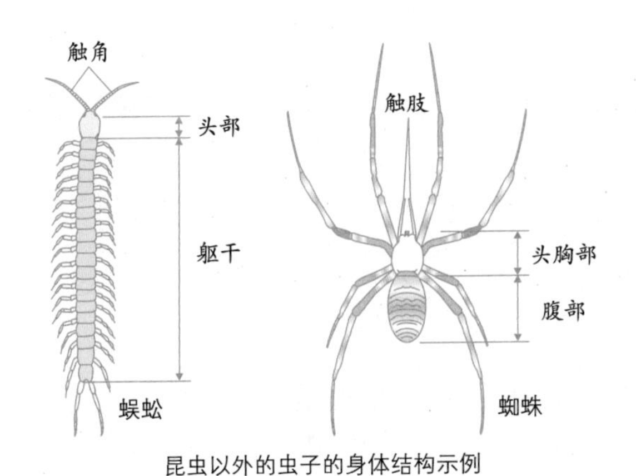

昆虫以外的虫子的身体结构示例

（青野裕幸）

# 蝴蝶在蛹这一成长阶段经历了什么？

## 蝴蝶是在蛹中睡觉吗？

蝴蝶在其幼虫和成虫两个发育阶段之间，有一个被称为蛹的阶段。那么，蝴蝶在蛹这一成长阶段做了什么呢？它是不是在睡觉呢？其实啊，蝴蝶在蛹这一成长阶段并没有睡觉！从外表看来，它是完全不动的，什么也不吃，也不喝水，也不排泄，就那样休息着。但实际上，蛹正发生着巨大的变化呢——蝴蝶正从幼虫向成虫进行转变，它的身体在不断地进化。

这一成长阶段，幼虫的身体组织会先变得黏稠，然后逐渐分解，形成新的组织器官。也就是说，先要破坏掉幼虫的身体，然后才能够形成一个属于成虫的全新的身体，相当于把旧的身体替换掉。

幼虫和成虫有着巨大的区别。变成成虫以后，蝴蝶才会出现2对翅膀和6条清晰的腿，同时形成肌肉来帮助翅膀和腿运动。幼虫和成虫的嘴巴的结构也不一样。幼虫时期，它长着一张能够嚼碎食物的嘴，比如它能用嘴嚼碎植物的叶子。在变成成虫以后，它就长出了长长的吸管似的嘴巴。这样的嘴，在吸食花蜜的时候显得十分方便。从幼虫发育到成虫，眼睛也会发生变化。幼虫时期，它主要通过吃植物叶子来保障自身的生命。这对于幼虫来说，是一项很累的体力活，它无法强求其他的东西，所以那个时候视力好不好都没关系。可是，到了成虫时期，因为要寻找结婚的对象，所以它就必须拥有一对很厉害的复眼。人类是看不到紫外线的，而菜粉蝶却可以通过复眼看到。

### 蝴蝶在蛹这一成长阶段通过什么进行变化的呢?

那么，是什么使得蝴蝶的幼虫在蛹这一成长阶段发生了如此大的变化呢？是激素发挥了重要的作用。你们听说过激素吗？我们都经历了男孩子的身体变得更像男孩子或女孩子的身体变得更像女孩子的那一段发育过程。激素，正是我们身体分泌出来的一种会影响我们样貌特征的物质。在蝴蝶之类的昆虫体内也有激素，当然它和我们人体中存在的激素种类不同。多亏有了这种激素，蝴蝶才可以在蛹这一成长阶段发生那么巨大的变化。

蛹是通过什么进行呼吸的呢？实际上啊，它是通过一个叫作“气门”的部位来呼吸的。绝大多数的生物想要生存都必须进行呼吸。正是能够呼吸，蛹这一成长阶段才可以进行各种各样的身体创造活动呢。

从某种意义上讲，蛹可以被比喻成幼虫变成成虫这一阶段中蝴蝶身体的集中治疗期。

我们从外面仔细观察蛹的变化过程，其实也可以推断出蛹变成蝴蝶的时间点呢。对于菜粉蝶来说，在蛹这一成长阶段的

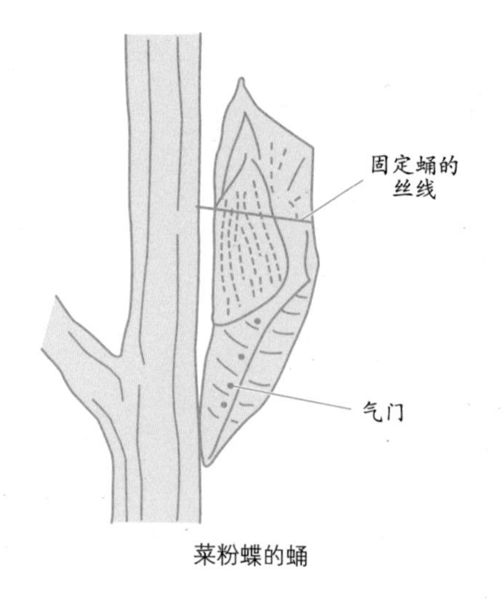

菜粉蝶的蛹

中期，它的翅膀就开始变白，浑浊不清。在羽化（由蛹变为成虫的过程）的前一天，翅膀上的纹路就已经微微显现了。如果透过蛹的外壳可以看到菜粉蝶那白色的翅膀和黑色的纹路，就说明这时已经非常接近羽化的时间点了。如果有成虫腹部的体节从蛹里面伸出来，那么羽化的蜕皮过程就正式开始了。

菜粉蝶一般是早上5点到6点之间完成羽化。在清晨的空气中，它等待着身体慢慢变干，变得结实。可能是受不了正午时那火热的太阳，因此它才选择在早晨羽化吧。为了生存，连羽化的时间点，菜粉蝶都选择得那么绝妙呢。

（铃木腾浩）

# 不属于昆虫的虫子都有哪些？

## 让我们到落叶里找找看！

公园和杂草丛的地面、学校的花坛，还有校园的边边角角等等，总会有些地方积着很多落叶。积满了落叶的地面，乍一看，似乎一条虫子也没有。可是，仔细一看呀，在落叶的间隙里，还有落叶下面，藏着很多不同种类的昆虫，还有很多不是昆虫的虫子，它们就生活在那里呢。

下面，让我们一起来看看有什么样的虫子吧。首先，准备好一个家用的大号垃圾袋，尽可能多地往垃圾袋里面装落叶和表土。如果觉得用手直接摸树叶有点脏，就准备一双劳动手套吧。

将采集来的落叶和土壤铺散在大白纸上，找一找里面的虫子。如果一次铺太多树叶的话，找起来就会比较困难。大家要一点一点地把树叶铺散开，慢慢地找。大白纸，可以是印刷纸啦，大一点的挂历或者海报之类的啦，都行。用它背面白色的一面就可以。

找到的虫子，就用小盒子或者瓶子之类的容器把它们装进去，然后一只一只地放入塑料口袋里面。等确认完捉到的虫子的种类后，就可以再把它们放回到原来的那些有落叶的地方了。

## 一起来数一数有几条腿！

是不是昆虫，只要数一数腿就知道了。首先，在白纸上有着急忙慌地四处逃窜着的虫子。如果速度很快，又是6条腿的话，可以判断，它们很可能是蚂蚁的同类。蚂蚁也是一种昆虫。

也有和蚂蚁走路速度差不多的虫子。如果是8条腿的话，那么，它应该是蜘蛛的同类。说到蜘蛛，大家就会想到那一张张网。在落叶里和地面附近，既有能张着小网生活的蜘蛛，也有一辈子都不织网就那样走来走去的蜘蛛呢。

如果是比蚂蚁和蜘蛛跑得还要快的虫子，那就是蜈蚣的同类了。蜈蚣有很多条腿。还有像蜈蚣一样有很多条腿，但是慢慢走路的虫子，那就是马陆的同类了。马陆又叫作千足虫。蜈蚣是以吃蜘蛛和昆虫为生的，而马陆主要吃落叶。

除此之外，可能还有大家都非常熟悉的球潮虫。这种虫一受到刺激，它的整个身体就会蜷曲成一个圆球状，因此被叫作球潮虫。球潮虫蜷成圆球状，将柔软的腹部和腿藏到它的硬壳里，这样，就不容易被敌人攻击，起到了自我保护的作用呢。球潮虫有14条腿。

和球潮虫长得比较像的虫子里，有一种虫子名叫鼠妇。虽然它们长得像，但是，鼠妇却不能像球潮虫那样蜷曲自己的身体。

可能还有那种跳来跳去的虫子吧。那种叫作跳虫，是昆虫的同类，有6条腿。

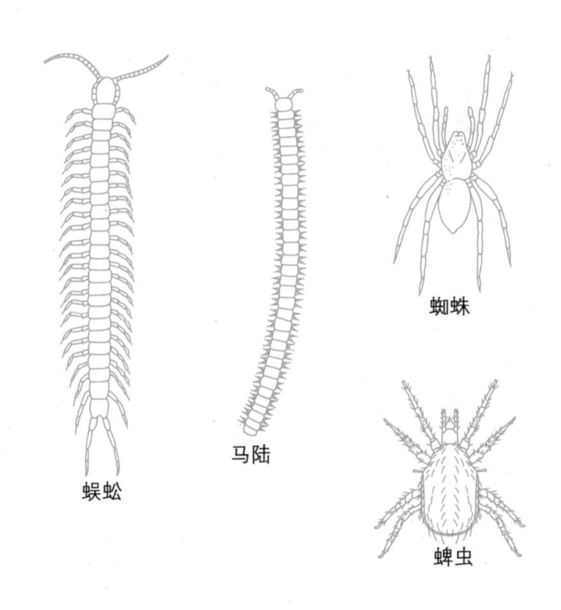


还有和蜘蛛一样有8条腿的蜱虫。身体分成两节的是蜘蛛，身体只有一节的就是蜱虫了。

像这样的不属于昆虫的虫子，在我们身边其实还有很多。大家一起好好地探究一番，说不定可以了解到更多有趣的生态呢。

（铃木腾浩）

# 球潮虫过着什么样的生活？

## 寻找一下球潮虫

你们有没有见过球潮虫呀？在校园、公园、树林等地，在我们的身边，非常容易找到球潮虫。它经常出没在落叶堆积处、花坛、砖块下、腐烂的树木里等比较潮湿的地方。如果找到球潮虫后，请把那里的落叶和泥土也一块儿带回来，然后，一起放到塑料盒或者装食品的容器中。因为球潮虫喜欢潮湿的环境，所以要准备一个喷壶，经常给土壤喷水以防止土壤干燥。饲料的话，给它落叶或者杂鱼干就可以了。将球潮虫饲养起来，可以通过长时间的观察，了解到它的各种各样的生活习性呢。

## 什么时候会缩成球?

球潮虫，因为它可以蜷曲成像丸子一样的圆球，所以被叫作“球潮虫”。那么，它在什么情况下会变成圆球呢？是不是当大家要抓它的时候它就会变成球呢？球潮虫呀，在遇到敌人袭击的时候，或者在睡觉的时候，都会缩成一个圆球呢。

那它是怎样变圆的呢？球潮虫的身体上，并不是只有一块躯壳，而是有很多块壳连接在一起，而壳与壳的连接处，是可以微微伸缩的。所以，它可以顺利地将身体蜷曲，团成球。

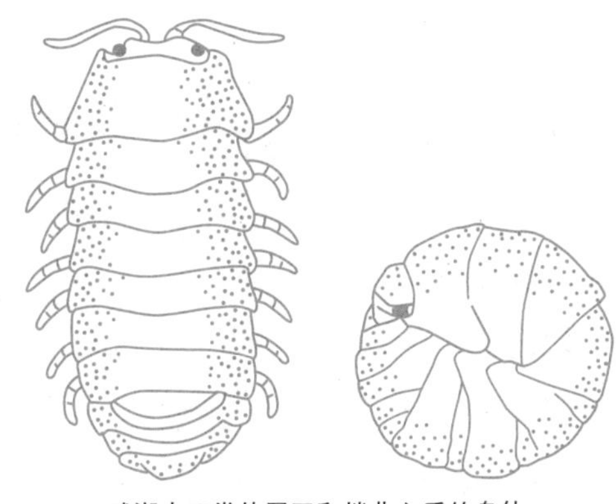

球潮虫正常伸展开和蜷曲之后的身体

## 球潮虫在哪里产卵呢?

你们觉得球潮虫会在哪里产卵呢？是在土里、落叶里呢，还是在自己的肚子里呢?

经过交尾之后的球潮虫，不是在土里或者落叶里产卵，而是在它的胸腹部一个叫作“卵兜”的地方产卵。一次可以产出50~100个卵。卵兜中产下的卵，经过一个月的时间就会孵化。孵化了以后，小球潮虫不会马上从卵兜中出来。在自己可以行走之前，小球潮虫们都会待在里面。

和母亲在同一个身体中的球潮虫幼虫，在卵兜破裂之后就出来了。球潮虫幼虫的身体长度，大约0.5mm（毫米）。因为它的身体是无色透明的，所以一眼就可以将它的身体看穿。从母亲身体中出来的球潮虫幼虫，凭借着自己的力量来寻找食物。即使是刚出生的球潮虫幼虫，也可以像它的父母一样，在受到惊吓和被触碰以后蜷曲成一个球。

## 长大以后会脱掉外壳

球潮虫的幼虫，在离开母亲的身体之后，会立即脱掉自己原来的外壳。这个过程叫作“蜕皮”。昆虫和蜘蛛在长大以后也会蜕皮。球潮虫和它们一样，也是在一次一次的蜕皮过程中慢慢长大的。球潮虫在蜕皮的时候，会在从前面数起的第5个壳和第6个壳之间的位置形成裂口，身体的前面部分和后面部分会分别脱掉外壳。

球潮虫可以存活多少年呢？据说可以存活3年以上。可以试着饲养一条球潮虫，研究一下它到底可以存活多少年，这也许会非常有趣呢。

（铃木腾浩）

# 冬天的菜粉蝶该怎么生存?

## 菜粉蝶的一生

从早春时节就一直可以看到的蝴蝶，就是菜粉蝶了。特别是在田野间，有很多黑色花纹的白蝴蝶，在四处优雅地飞舞着。不仅仅是春天，夏天和秋天也可以看得到菜粉蝶。这样说来，菜粉蝶算是一种可以从春天活到秋天的生命很长的蝴蝶了呢。

实际上，菜粉蝶的寿命大约有50天。菜粉蝶从春天到秋天的这一段时间里，可以经历4到5次的从虫卵到成虫的轮回呢。

蝴蝶，种类不同，它的幼虫吃的食物也会有差别。比如，凤蝶是吃蜜橘之类的食物，蓝纹凤蝶是吃樟木，酢浆小灰蝶是吃酢浆草，菜粉蝶是吃油菜之类的。菜粉蝶甚至可以在油菜芯里面产卵，还能在圆白菜、油菜、西兰花、萝卜等植物的叶子背面产下一个个约2毫米长的黄色的卵。

叶子背面的卵，经过4到5天就可以进化成幼虫。这个过程叫“孵化”。之后，幼虫会一边狼吞虎咽地吃着叶子，一边脱去外皮长大。这个过程叫作“蜕皮”。菜粉蝶一共要蜕4次皮。等它再长大到一定程度，身体就会变成绿色的，所以这个阶段一般叫它“菜青虫”。刚孵化的菜青虫，按照生长阶段又

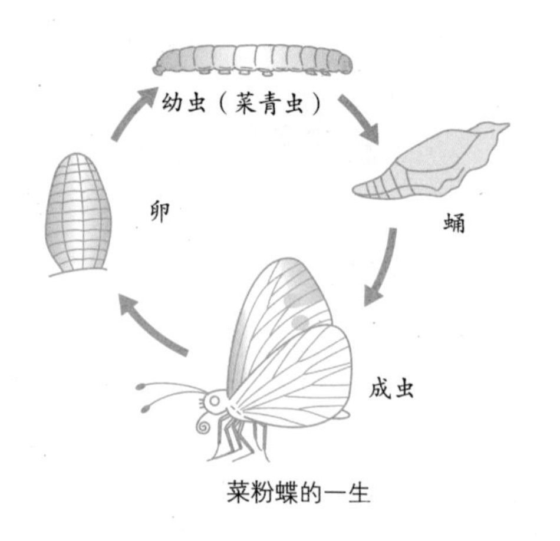

菜粉蝶的一生

可以被划分为“一龄幼虫”。蜕皮时的菜青虫，按照阶段可以分别叫作二龄幼虫、三龄幼虫、四龄幼虫和五龄幼虫。因为幼虫在这个时期对叶子的食用量会很大，所以，如果在一棵植物上有很多只菜青虫的话，那么，这棵植物就会变成一片叶子也不剩的“大光头”了。

在进化成为五龄幼虫以后，它自己就开始寻找适合变化成蛹的地方了。一旦找到了合适的位置，幼虫会从口中吐出丝，先把屁股的部位缠好，然后再生产出一些可以支撑自己身体的丝线。这些丝线好像腰带一样。它用这些丝线把自己的身体完全裹起来，数个小时之后，再蜕一次皮就变成蛹啦。

在变成蛹之后，大概经过两周的时间，蛹的背部会裂开，从这里就会飞出成虫，也就是菜粉蝶了。这个过程叫作“羽化”。在羽化之后，菜粉蝶还不能够马上飞起来，要等到身体彻底干了以后，才可以张开翅膀飞起来呢。

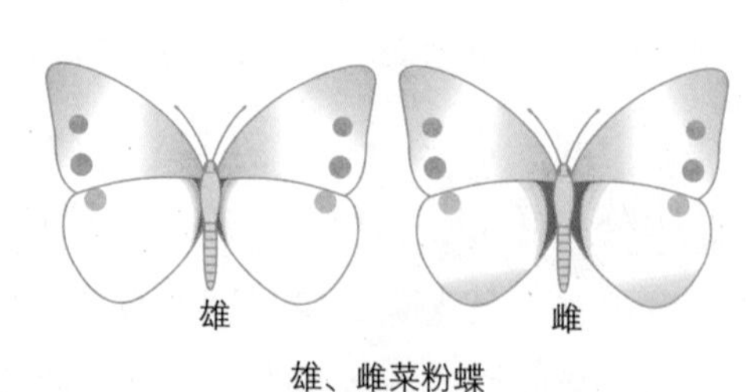

雄、雌菜粉蝶

变成成虫的菜粉蝶，有2到3周的时间可以一边飞来飞去，一边寻找配偶。雄菜粉蝶寻找雌菜粉蝶进行交配，之后雌菜粉蝶会产卵。

## 感觉夏天比较少

夏天里并不是没有菜粉蝶，而是确实没有春天的时候那么多，只是偶尔有几只翩翩飞舞着。这是因为，夏天有菜粉蝶的天敌蜜蜂和小鸟，很多菜粉蝶都被它们逮住吃掉了。

这还不算什么，更大的天敌是一种能够在菜青虫的体内产卵的叫作“小茧蜂”的小蜜蜂。它的幼虫会在菜青虫的体内孵化，把菜青虫的身体吃光以后就破壁而出，自己做茧。被这种小茧蜂盯上的菜青虫，是逃不掉也救不活的呢。

## 冬天见不到菜粉蝶吗？

冬天见不到菜青虫，是怎么回事呢？实际上，在秋末形成的蛹，一般就不羽化，一直保持着蛹的状态过冬呢。等到春天来了，最高气温达到15℃左右的时候，它才开始羽化。

但是，像圆白菜这样的油菜科的植物，在冬天也可以生长，所以，菜青虫就不用为食物而发愁。在温暖的地区，以幼虫的样子似乎也可以过冬呢。

（寄木康彦）

# 冬天，为什么看不到昆虫和蜘蛛了呢？

## 昆虫、蜘蛛和人的体温是不同的

蝴蝶、蚱蜢、独角仙等昆虫的体温，还有蜘蛛的体温，和我们人类的体温是不同的。我们人在正常状态下的体温是37℃左右。体温不会因为是冬天而变低，也不会因为是夏天而升高，也不会受到周围环境气温变化的影响。人的体温，会基本保持一定的数值。只有在身体出现疾病的时候，才会有比37℃高得多或者低得多的体温出现。

话说回来，体温随着周围的气温和水温的变化而变化的生物也不少。鱼、蛙、龟、蛇这些动物的体温，都受到周围环境温度的影响。同样地，昆虫、蜘蛛的体温也不会像人一样保持稳定，会受到周围温度的影响而发生变化。比方说，在气温20℃的环境下，昆虫的体温也是20℃左右；气温是30℃的时候，昆虫的体温也会升到将近30℃；当气温降到10℃的低温，昆虫的体温也会相应地调整到10℃左右。

周围的温度越低，它们的体温就会越低，渐渐地就会活动困难，不能够走路或者飞行啦。就连我们人这样的体温稳定的动物，在寒冷的冬天，也会觉得冷，那像昆虫和蜘蛛，在更加冷的环境中，根本就无法活动了呢。

## 昆虫和蜘蛛是怎样过冬的?

那么，在气温非常低的冬天，昆虫和蜘蛛是怎样过冬的呢？种类不同，过冬的方式也是多种多样的。有像瓢虫和蚂蚁这样的，以成虫的形式过冬；也有像菜粉蝶和凤蝶这样的，以蛹的形式来过冬；还有樟蚕这样的蛾科昆虫，是以卵的形式度过严冬。蜘蛛，很多会像草蜘蛛和络新妇那样，也是以卵的形式过冬。

无论是昆虫还是蜘蛛，很多要么是以卵的形式过冬，要么是以蛹的形式过冬。所以，我们就看不到飞着的和走着的昆虫和蜘蛛了。

另外，以成虫或者小蜘蛛的形式过冬的那些昆虫或蜘蛛，它们很多都会躲到落叶中，或者藏到树皮的内侧。蚂蚁，会钻到它在地底下的巢穴中过冬。因为随着寒冬的到来，虫子们会跑到那些不容易被发现的地方，所以，也就见不到它们的踪影啦。

## 在树皮下面过冬的昆虫和蜘蛛

在昆虫和蜘蛛中，有在树皮的下面过冬的。大家觉得，树朝南的一面和朝北的一面，在哪一面过冬的虫子会比较多呢？很多人会觉得太阳照射时间更长的朝南一面会更多吧。那么，大家一定要好好地亲自调查一下哦。实际上，比起树朝南的一面，朝北的一面会更多呢。朝南的一面，昼夜的温差会比较

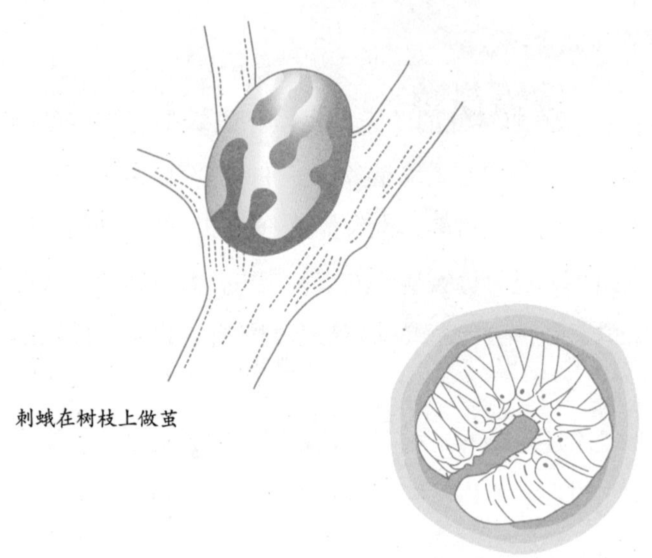


正在过冬的昆虫

大，对于随着周围温度变化体温跟着变化的虫子来说，是很糟糕的。所以，比起白天温暖的南面，一天之中温度变化小的北面，更适合虫子过冬呢。

（铃木腾浩）

# 香蕉是草，还是树？

## 桃栗三年，柿八年

人们常说，桃树和栗子树要3年时间、柿子树要8年时间才能结果。结出果实，是这种植物像人一样长大成熟的标志。

那么，我们每天都要吃的大米呢？水稻一般在春天发芽，夏天开花，秋天结果，之后它的本体就枯萎了。像水稻这样，一年就是一生的植物叫作“一年生草本植物”。作为面包原料的小麦，也是一年生草本植物呢。

桃树、栗子树和柿子树是树，水稻和小麦是草。树长得很慢；草的话，看起来就是迅猛地生长。

## 长出树干需要时间

树木生长缓慢是有原因的。因为，长出树干需要花费很长很长的时间。植物的身体里有一种重要物质叫作“纤维素”，又叫作“植物纤维”。无论是树还是草，纤维素都是极其重要的。

如果把植物比喻成一栋房子，那么纤维素就是支撑起这栋房子的钢筋吧。草和树的区别，就在于纤维素的纤维之间是否存在一种叫作“木质素”的物质。如果我们把木质素比喻成建筑材料的话，那它就是混凝土了。所以说，草是由钢筋简单建造起来的建筑；而树呢，却是在钢筋周围又好好地用混凝土填充的建筑。

木质素堆积，越来越厚，变得结实起来，这个现象叫作“木质化”。木质素本来是白色的，但是，木质了的部分会变成褐色。树干上变成褐色的部分，其实就是很多死去的细胞的集合呢。

## 香蕉的一生

香蕉的原产地在热带地区。让我们来看一下这张照片吧。如果把这棵香蕉的母株侧面长出来的子株取出来，好好培养两个月，就可以在精心耕作过的土地上重新种植。在菲律宾，香蕉种在田地里第6个月就会开花，到了第9个月就可以结出低垂的香蕉了。香蕉结果之后就会干枯而死。所以，热带

香蕉全貌照片

地区的香蕉，一般寿命都不到一年。

香蕉和水稻、小麦一样，生长十分迅速。尽管香蕉可以长成3～10米那么高，可是它的茎的部分，却不会像树那样木质化。所以说呢，香蕉是一种草。

（左卷惠美子）

# 豆芽是怎么生出来的？

## 超市里的豆芽

到超市里买东西的时候，可以观察一下各种各样的豆芽食品的商品标签。然后发现，有大豆、绿豆、黑豆等不同的豆芽，它们各有各的味道和口感。试吃比较一下也是挺有趣的事情呢。

取一根豆芽仔细观察，发现豆芽的一头就像根须一样细长，另外一头有小叶子和像豆子的皮一样的东西。怎么看都觉得豆芽有些像种子刚发芽的样子呢。

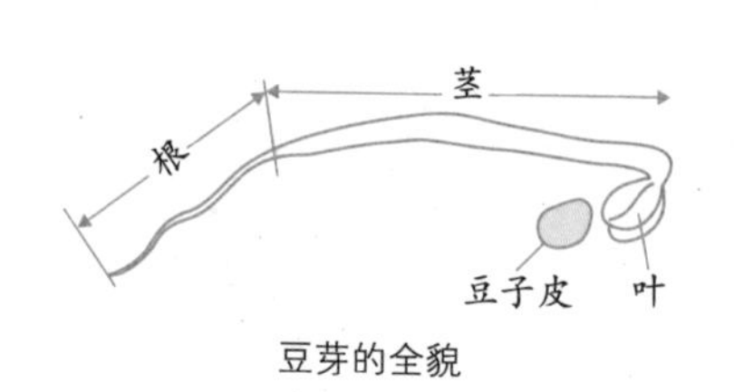

豆芽的全貌

买回来的豆芽可以直接拿来做菜。也可以仔细地将一根根豆芽的叶和根取掉，然后再做菜。这样虽然比较费事，但是会更加美味。

## 豆芽

有没有人会认为拥有了“豆芽”这种植物的种子，然后播种下去，就可以生出豆芽了呢？豆芽这个词在日语中的意思是：将麦子和豆子等浸入水中，避免光照，让它生出芽，嫩芽会迅速地茁壮成长。因为没有光照，所以它不会变成绿色，而是长成白色的细长瘦弱的芽。当它长出芽的时候，会创造出还是种子时所没有的营养，可以说是营养满分呢。在豆芽生出来几天之内，它里面会含有很多维生素、氨基酸等营养。所以说，豆芽是非常有营养的食物呢。

从豆子生出来的豆芽，一般是被人们当作蔬菜来食用的。除此之外，从麦子生出的麦芽，是生产啤酒和麦芽糖的原料。

我们经常可以听到，有人将个子很高却体力不佳、不怎么运动的孩子称为“小豆芽”。而实际上，豆芽可是身体里充满了营养的好东西。所以，这种叫法从另外一个角度来看，也许还是一种夸奖呢。

## 豆芽的大量生产

豆芽，会在豆芽生产公司中被大量地生产。不使用化学肥料和农药，只使用新鲜的水就可以生出豆芽。而且可以通过电脑来精确地控制水量、温度、空气等条件，这样，一年中不管什么时候都可以生产出豆芽这种安全的食材啦。

首先，从农户那里买入质量好的豆子，然后利用机器或者人工将豆子再优选一下。经过杀菌流程，将豆子浸泡到温热水中几个小时以后，豆子的皮就开始破裂，长出豆芽了。

接下来，用电脑将温度和水分控制在适合豆芽继续生长的范围内，培育1个星期。

最后，尽量不要使豆芽受伤，折断，小心而快速地将豆芽包装到袋子里。这样，豆芽就可以来到我们的餐桌上了。

最近，一些先进的豆芽生产厂家已经可以做到全自动化生产，使豆芽的生产和人不会发生接触了呢。

## 手工制作豆芽

首先，将一颗颗的豆子仔细地清洗干净，浸入充足的水中一整夜。如果浸泡的时间太短，芽就不容易生出来了。所以，直到豆子有些膨胀之后破皮为止，都要始终浸泡在水中哦。

其次，将水沥干，放置几天，就可以生出营养味美的豆芽了。其间，注意事项有以下三个：

①白天要避免阳光的照射。

②使用像竹篓那样的不容易积水的容器。

③每天用水清洗豆子两次。

一般来说，生出的芽有2～3厘米时，就可以食用了。因为是手工制作的，所以想吃的时候，取出来吃就好啦。生豆芽用的水，可以是自来水，也可以是矿泉水。

另外，好不容易才生一次豆芽，就不要局限于超市里面经常可以买到的那种绿豆芽，换一种豆子来挑战尝试一下也很好呀。

（寄木康彦）

# 郁金香，要五年的时间才能开花吗？

4月的春天，美丽的红色的、黄色的郁金香竞相绽放着。在晚秋11月份，种下郁金香的球根，仅仅5～6个月的时间，就可以开出艳丽的花朵。

## 在哪里结出种子？

种下郁金香的球根，便可以养育它了。像牵牛花和向日葵，很多植物是通过撒下种子来种植的。而郁金香，我们经常看到，却不是通过撒种来种植的。意思是说，郁金香不会结出种子吗？还是说，球根对于郁金香来说，就是种子呢？

植物可以结出种子的地方，是它雌蕊的底部。当植物的花期结束，花瓣开始凋谢，就只剩下雌蕊了。随后，包裹着种子的部分，会随着时间的流逝不断地成长。

郁金香，也是花瓣凋零，只剩下绿色的雌蕊。最后，雌蕊的根部会变大，里面会形成很多的种子。当种子成熟以后，包裹着很多种子的部分会变成褐色，里面的种子非常薄，一般有200～300粒。但是，大多数学校花坛里面的郁金香，一般花期结束了，植株就会立即被拔除，所以，大家基本上看不到郁金香的种子呢。雌蕊的根部形成的是种子，土里面形成的球根不是种子。

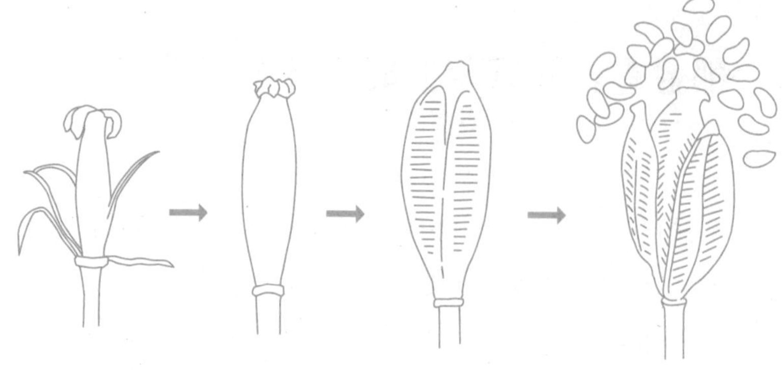

郁金香种子的形成过程

## 撒下郁金香的种子吧

如果在深秋时节播种郁金香的种子，那么，到了明年4月，是不是就可以开出花朵呢？实际上，并不会哦。从种子开始培育，等到开花的话，需要花费5年的时间。

深秋时节播种到土里的种子，经历严冬，为发芽做着准备，等到来年春天，终于发芽了。种植有一年的郁金香，看起来细细的，像大葱一样，一般只有10cm那么长。同时，在土壤下面，它会形成小的球根。到了夏天，大葱一样的叶子会枯萎，枯萎了的叶子根部，会长出只有火柴头那般大小的球根。想要培育出能够开出花朵的郁金香，需要把这样大小的球根进行几次移植，一点一点地养大才行。

即使是每隔一年将球根重新种植一次，到了第二年、第三年，从郁金香的球根上长出的也不过只有一片叶子。到了第四年，是变得更大更宽的一片叶子，也不会开花。到播种下种子后的第五年，郁金香才终于开始有了3片叶子，将要开出花朵了。

从撒种到开花就需要花费5年的时间，这样，种子是难以成为商品的。于是，种植郁金香的农户就种植球根，从球根再分出更多的球根，把球根当作商品来销售。所以，我们现在买到的球根，也是农户们经过至少3年的时间，才辛辛苦苦培育出来的呢。

（铃木腾浩）

# 种子是怎样发芽的？

## 种子是植物生命的开端

你们的学校里应该也有大树吧。然后，树下也生长着小草吧。小学一年级的时候，撒牵牛花的种子来种植的人也不少吧。不管是大树，还是小草，不管是在花坛里种植的，还是在花盆里种植的，都是植物。各种各样的植物生命的开端，都仅仅是一枚小小的种子呢。

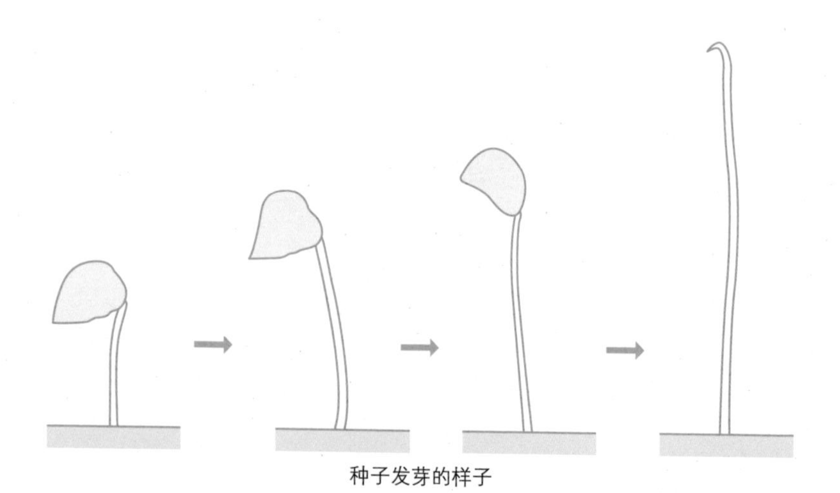

种子发芽的样子

## 种子里面是什么样的?

从种子中，会生出根，发出芽。也就是说，种子里面孕育着植物的小宝宝。那么，植物的小宝宝到底是怎样进入到种子里面的呢?

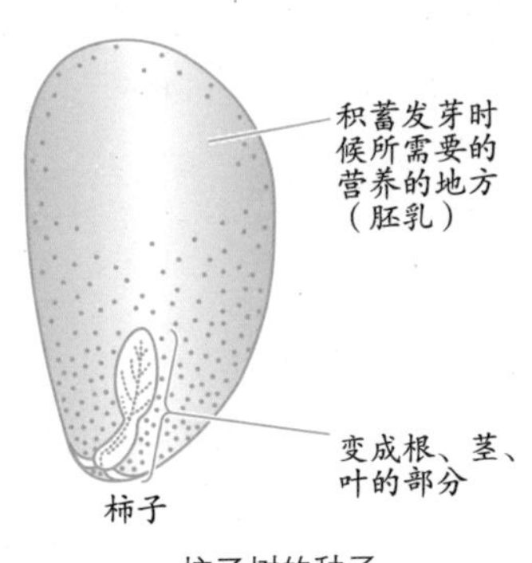

柿子树的种子

右图是一枚被纵向切开的柿子树的种子。结果发现，种子里面有一个地方是可以变成柿子树的根、茎、叶的。而且，在它的周围，有很多发芽时候所需要的养分。

下图是将大豆的种子去皮之后，纵向切成两半的图例。可以发现，在大豆的种子中，也存在着最后可以变成根、茎、叶的部分。和柿子树的种子一样，它在发芽的时候，周围会有很多养分。

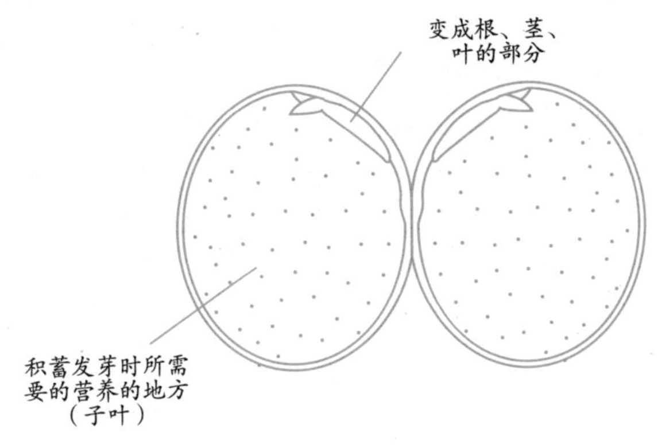

大豆的种子

## 发芽的契机是什么?

我们曾经学习过，种子发芽需要有水、适当的温度和空气。只要具备了这三个条件，无论什么时候都可以发芽吗?

实际上，发芽的契机，并不是那样简单呢。比方说，秋天的时候会收获种子。秋天的温度和春天的温度基本上相同，所以，都具有适合植物发芽的温度。但是，就算秋天种子发芽了，又能怎么样呢？长出来的芽，遇到寒冷的冬天枯萎了呀。因此，很多在秋天里结种子的植物，为了让自己在春天的时候能够发芽，会让种子暂时处于休眠状态，来度过寒冬。

种子不同，发芽的契机也是不同的。水、适当的温度和空气是必要条件。还有其他的，比如高温可以促进种子发芽，温度剧烈变化可以成为发芽的契机，很多光的照射也可以促使种子萌发，等等。

## 从种子的哪里发出芽呢?

无论是柿子树的种子，还是大豆的种子，都非常坚硬。那么，是从这么硬的种子的什么地方长出芽的呢？就像右图所示的那样，大豆里面有一小部分会渐渐地变成褐色，叫作“肚脐”。

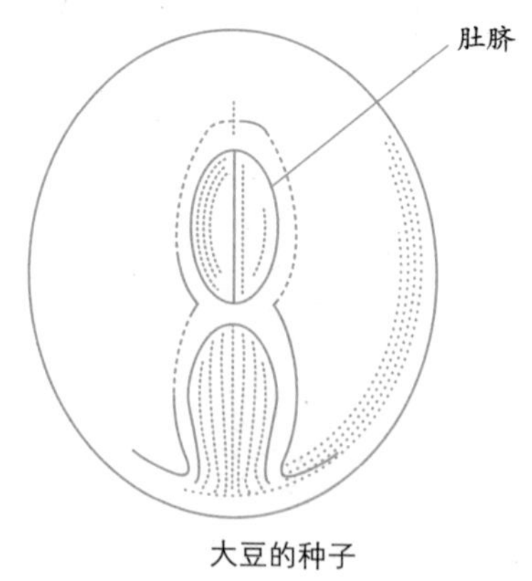

大豆的种子

芽，就是从这“肚脐”附近长出来的。

那么芽和根，究竟哪个先长出来呢？一般来说，根的部分先长出来，随后是芽的部分。

你们也可以试着种下各种各样的种子，来观察它们发芽的样子，说不定会有一些新发现哦。

（铃木腾浩）

# 在什么样的土地上播种比较好呢？

## 打算种什么？

在园艺店和家居用品商店里，各种各样的种子都有出售。从看着就让人高兴的牵牛花到蔬菜里的萝卜，要什么有什么。

在看过各种各样的种子之后，让我们来选一个真的好想养一养的吧。看一下装种子的口袋背面，上面写着简单的培育方法，还有播种时间、结果时间，等等。

在售的，既有那种养起来比较困难的从种子开始培育的植物，也有养起来比较容易的一株一株的植物苗，如草莓、番茄、番薯等。

## 播种

种子沾上了湿气，就可能发芽。把种子撒入盛有浅水的盘子之类的器皿中，即便没有土壤它，也可能发芽。也就是说，单纯让种子出芽的话，是不需要有土的。但是，如果一直这样生活在水里，茎就会倒下，植物就养不大，当然也就无法开花了。如果想要让植物好好地扎根，支撑植物身体的土壤是必需的。

但是，土壤的作用就仅仅是支撑植物的身体吗？举个例子，假设使用一块土地种植植物，刚开始，植物是可以长大的，花也可以开放，可是如果每年都使用同一块土地来种的话，就会发现，植物长得一年不如一年。这是因为，土地中含有的让植物生长开花的营养成分随着重复使用，越来越少，最后流失得一点也不剩了。

要想使同一块土地可以反复多次利用，需要做很多的工作。重复利用的土壤，里面会有之前种的植物的残根，会没有那么松软。当然，养分也流失了。那么，我们就要先把土壤里的残根剔除，并把土壤刨松，再加入一些新土。之后，如果可以加入一点能够提供给植物养分的肥料，就更好了。

最近，有很多可以使种植变得更加方便起来的工具，比如泥炭盘之类的工具，就很容易让植物发芽。要是能使用这样的容器，也很不错呢。使用泥炭盘的话，植物的子叶可以很好地伸展开，然后过一段时间，再把它移植到瓦盆里就好啦。

如果使用培育种子专用的瓦盆的话，种子在发芽之后，就可以连土直接整块地移植到田地里或者大花盆中（见下图），

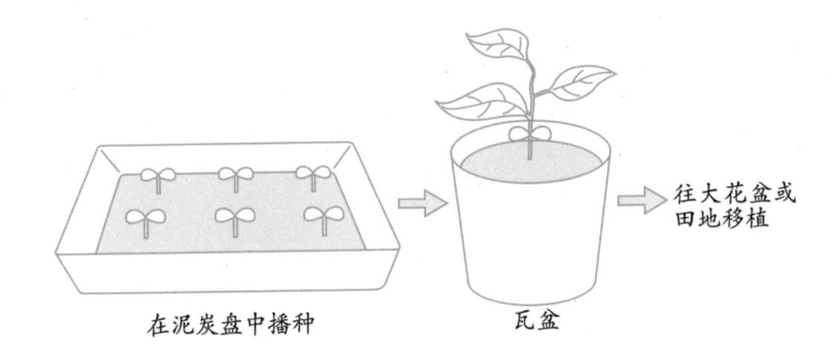

这样就更加方便了呢。

## 为了更好地培育

想要植物健康茁壮地成长，阳光、水、空气三者是缺一不可的。

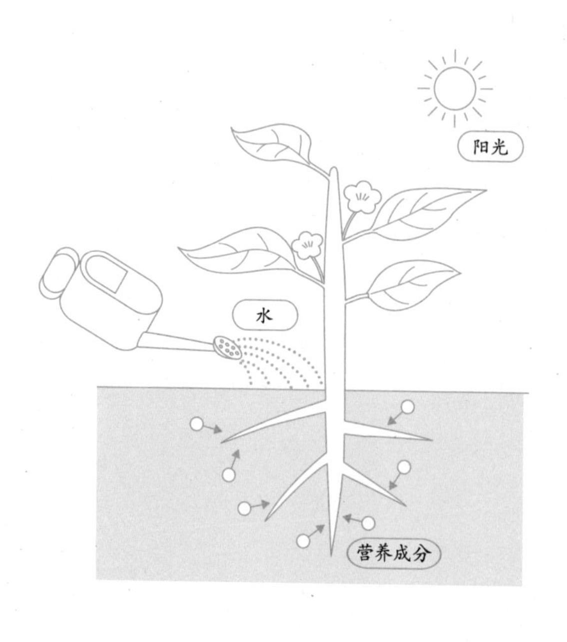


虽然三个要素都不可缺少，可是不管哪一项过多，或者哪一项过少也是不行的。施加的水和肥过多的话，根就会腐烂掉，这一点我们要注意哦。

另外，园艺店还有育种专用、蔬菜专用、盆栽花木专用的土壤，也很不错啊。还有啊，掌握适合于不同花木和蔬菜的施肥方法，也是非常重要的。

（寄木康彦）

# 一株蒲公英上面，会有多少颗种子呢？

现在你还会拿着一根蒲公英种子的毛秆，深吸一口气把绒毛种子全部吹到天上去吗？只要使劲吹一口气，一根一根的绒毛就会像降落伞一样乘着风飞起来。在每一个降落伞的下面，都有一粒种子。

那么，一个蒲公英的种子球上，究竟有多少颗种子呢？蒲公英生长情况的好坏，要看它是在光照好的地方，还是在条件恶劣的地方。生长环境不同，生长状态和结果也会有区别呢。但是，基本上一个毛球上面会有200颗种子。

看上去像是一朵大花的蒲公英的花，实际上是由很多小花集合而成的。每一个小小的降落伞，原来都是那一朵朵组成大花的小花。有多少个花瓣，就有多少颗种子。所以，只要数一数蒲公英的花上面有多少小花瓣，就可以知道它有多少颗种子。

## 试着数一数花瓣的数量

感兴趣的话，可以摘一朵蒲公英的花，然后数一数花瓣的片数。首先，用手摘一枝蒲公英的大花，然后把它一分为二，这样，花瓣就散开了，会更容易数。要想把所有的花瓣都数一遍的话，就要有足够的耐心和毅力。如果使用小镊子，可以更容易地将花瓣拈起来，数起来就更方便了。

一株蒲公英，不会像郁金香一样一朵花败了就枯萎。它的花期有几个月的时间，会开好几朵花。到底能开出几朵花，要看蒲公英生长的地方，还要看蒲公英有多大岁数了。条件不同，开花的情况也会不同。一般来说，在光照充足的地方生长的蒲公英，会开出更多的花。

## 一株蒲公英能活多少年呢？

你们知道蒲公英的寿命有多少年吗？从开花到结出种子，其实并不一定意味着生命的终结。虽然蒲公英的叶子枯萎了，可是它的根却还在地里生长着，之后还会重新长出叶子，再长大的。所以，一株蒲公英，第二年比起第一年来，会更大一些，也会开出更多的花。

现在，我们已经知道的，有一株蒲公英，它开了30朵花，而且每一朵最后都变成了种子。一根花茎上的种子球里面，可以结出200颗种子，那么10朵花的话就是2000颗种子，30朵花的

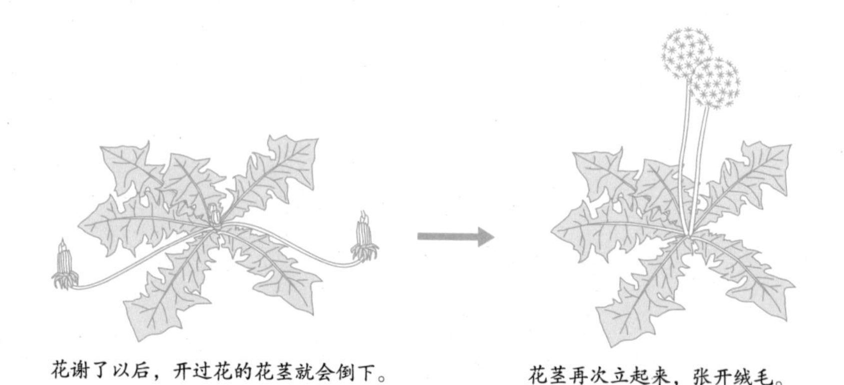

花谢了以后，开过花的花茎就会倒下。

花茎再次立起来，张开绒毛。

话就是6000颗那么多。

虽然一株蒲公英可以吹出很多很多的种子，但其实真的能从开花一直生长到可以被风吹走种子的蒲公英还是极少数的。

正是因为蒲公英可以结出很多轻飘飘的像降落伞一样的种子，所以它的种子才能被搬运到四面八方。最终落脚的地点，完全是交给风来决定的，所以，在那么多的种子中，最终能到达适宜生存的地方的，真的是凤毛麟角。

（铃木腾浩）

# 植物种子多种多样的旅行方式

植物是没有腿的，不能像动物那样靠自己活动。但是，如果说一生只有一次的话，植物也是有那么一次旅行的。是的，植物只有在种子时期，才可以移动。

种子或是乘风飞舞于广阔天空，或是随着流水漂洋过海，抑或是和动物们一起旅行。下面，我们就来简单介绍一下它们吧。

## 乘风飞舞于广阔天空的种子

时而可以看到，在柏油路的缝隙里长着蒲公英。空地上，谁也不曾播种，竟长着很多很多的杂草。那些草籽中的多数都是被风送到那里的。

蒲公英的种子是长着绒毛的。乘着风的绒毛种子，样子像个降落伞。还有松树的种子，在像小伞一般的松塔的缝隙里，各有两粒覆着薄膜的种子。松树的种子，像直升机的螺旋桨一样旋转着飞舞于天空中。

## 浮于水面，随河流和海洋漂流的种子

多数植物种子都会沉入水中，但是，懂得利用河流和海洋来旅行的那些水边植物的种子，会漂浮在水面上。

比如水芭蕉的种子，就是浮在水面上流走的。而且，一边随着水流淌，一边开始发芽。一边流淌着，一边长出嫩芽的小苗，碰到池塘的浅水处或岸边，就在那里扎根开始生长。

在日本冲绳有一种水椰。含有种子的水椰果实，曾在距离冲绳很远的千叶县和秋田县的海边被发现。这种水椰果子，掉落到冲绳海边的海水里，乘着日本暖流和对马暖流漂流了几千公里。即便是结束长长的旅行到达终点，可是在千叶县和秋田县，由于温度低，对于水椰来说也是无法生长的。但是，随着全球气候变暖，也许在千叶县等地椰树也可以生长。

## 能充分利用动物的种子

有一种植物叫作荚蒾，这种植物的果实红彤彤的，看起来很好吃的样子。鹎就是喜欢吃这种果子的一种鸟。荚蒾果的大小是鹎刚好可以一口吞掉的。鹎会吃掉很多荚蒾果，而且

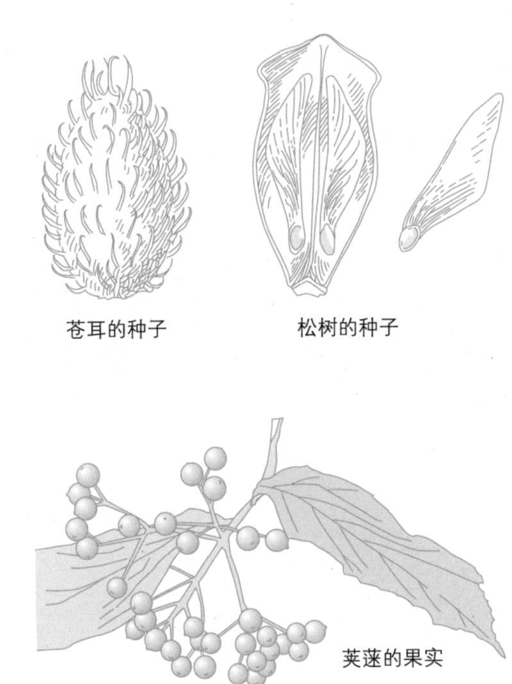
苍耳的种子　松树的种子

荚蒾的果实

只吃果子好吃的部分。种子的部分，它会全部吐出来。像荚蒾这样，好吃的部分让鸟儿吃掉，换来的是被带到远方，为发芽做准备。

苍耳和豨（xī）莶草等的种子会附着在动物的毛发上和人的衣物上，被带到各处。

像这样，植物的种子以多种多样的方式去远方旅行，与此同时，为了能够发芽生长做着不懈的努力。

（铃木腾浩）

# 蔬菜也会开花吗？

## 蔬菜

蔬菜，都有哪些呢？番茄、茄子、黄瓜、马铃薯、西兰花、花椰菜、葱、菠菜、卷心菜、生菜、白菜、萝卜、番薯等，数也数不尽呢。到超市里卖菜的地方一看，很多蔬菜一年里一直都有销售。仔细想来，蔬菜也是植物，也是要开花，然后才结出种子的呢。

## 花落之后长出的蔬菜

番茄、茄子、黄瓜，开了花以后长出来的果实，才是蔬菜。家的附近有农田和菜园的人，应该见过那些蔬菜开花吧。经常可以看到刚摘下来的黄瓜，头顶上还“戴”着花呢。而且，人们往往是趁着还没有完全熟透就摘下来吃。如果这时把黄瓜从中间切开的话，就可以看到里面那些还没有成熟的黄瓜籽了。

到初夏的土豆田里看一看，这时的土豆正开着花。因为土豆的学名叫作马铃薯，是茄科植物，所以它的花和茄子的花长得很像。当花开的时候，它的叶子会接受充足的阳光照射，不断地为地底下的根茎合成淀粉。等到它的花谢了，开始枯萎了，就是挖土豆的时候了。

## 花本身就是蔬菜

让我们仔细地瞧一瞧西兰花和花椰菜。你们觉得这是什么？是的，这样的蔬菜，吃的就是它的花蕊的部分。当然，如果没有及时收割，一直放在地里不管的话，它们就会像油菜那样开出黄色的小花呢。

## 在开花之前食用的蔬菜

葱、菠菜、卷心菜、生菜、白菜、萝卜，会开出什么样的花呢？这些蔬菜，虽然都是春天里开花的，但是早在它们开花之前，就已经将它们的叶子和根一起收割了，所以通常是看不到它们开花的。但是，走到田地里，偶尔也可以看到一些剩下的没有被收割的，它们经常是开着花的。

在晚春时节，葱的头顶上会长出球状的花。当花谢了的时候，葱头上就会结出很多黑色的小种子了。

菠菜，有只有雄花的雄性植株，也有只有雌花的雌性植株。很多植物是在一朵花上既有雌蕊又有雄蕊的。植物也像动物一样有雌雄的区分，真是太有趣了！

这些蔬菜为了能够开花，会使劲儿地伸展茎部。之后，它们的叶子会变硬，有的会变苦，就不能吃了。这样的菜就太老了。

## 不开花的蔬菜呢?

番薯会伸展藤蔓舒展叶子，沐浴充足的日光，来制造淀粉。它的根部不断地积蓄养分，最后形成番薯果实。番薯是在秋天成熟的。

在温带、亚热带生长的番薯，多不开花。但在它的原产地南美洲热带地区那样温暖的地方，番薯就可以开出像牵牛花一样的花。

（寄木康彦）

# 为什么会有向下开的花呢？

## 向下开的花

你们见过向下开的吊钟形的花吗？就是紫斑风铃花和铃兰花那样的花。如果说向上开的花，对于招蜂引蝶会大有帮助的话（参考下一篇《漂亮的花是怎样开出来的？》），那为什么还会有向下开的花呢？紫斑风铃花和铃兰花招来的昆虫，绝大多数是采花蜂的同类；蝴蝶和小型的甲虫（金花虫等），从向下开的花中采集花粉和花蜜就会比较困难。那么说来，向下开的花的存在，似乎跟搬运花粉的昆虫有着一定联系呢。

## 紫斑风铃草

来紫斑风铃花串门的，是一种叫作熊蜂的采花蜂。熊蜂会悄悄地钻进吊钟形状的紫斑风铃花里。钻进去做什么呢？其实是进去吸食花蜜的。熊蜂吸食花蜜的时候，它的背部会沾上花粉。等它喝完这朵花的花蜜以后，就会再钻进别的花继续喝花蜜，它后背上的花粉就会沾到其他花的雌蕊上。就这样，在花与花之间觅食花蜜的熊蜂，结果就成了把花粉带给其他紫斑风铃花的“搬运工”呢。

这时，如果花特别大，比熊蜂还要大，该怎么办呢？可能它的后背就接触不到花粉，不能把花粉传授出去了呢。如果花太小的话，熊蜂会钻不进去，背上也就沾不到花粉了。所以啊，只有在这种花和熊蜂的大小刚好合适的时候，花粉才会通过熊蜂传送到其他花朵呢。再然后，那些花粉才会沾到雌蕊的柱头上完成授粉，不久才可能结出种子。

## 岛紫斑风铃草

在讨论了采花蜂和紫斑风铃花的大小这个问题后，我想到一个非常有趣的研究课题。在日本，一些小岛上生长着一种叫作岛紫斑风铃花的植物。它是本州岛上生长的紫斑风铃花的同

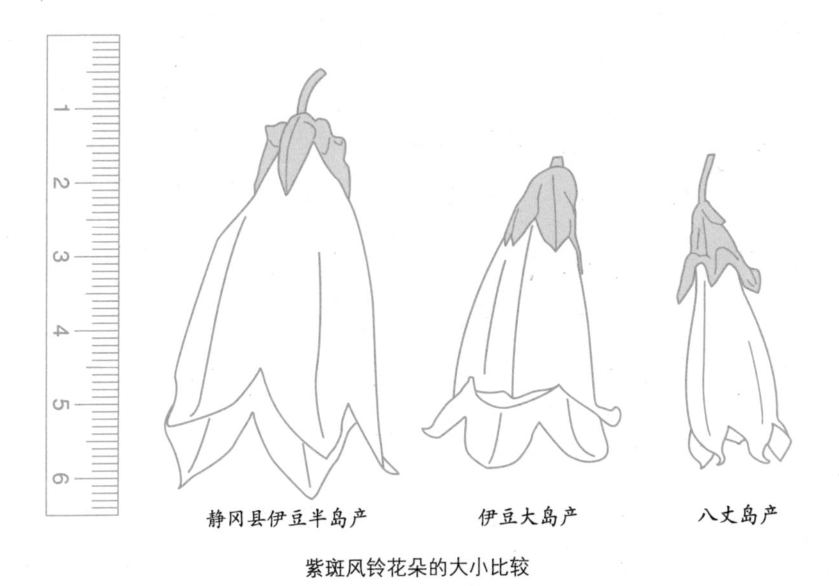


紫斑风铃花朵的大小比较

类。与本州岛上的紫斑风铃花相比，它的花要更小些。经过粗略比较发现，距离本州岛远一些的岛上的紫斑风铃花，要比距离本州岛近一些的岛上的紫斑风铃花还要小。随后，又调查了在不同的岛上，到访紫斑风铃花的采花蜂的种类。最后发现，花的大小和采花蜂的大小正好合适。小一点的花，就有小一点的采花蜂来。这样，我们可以认为岛紫斑风铃花的大小和到访的采花蜂的大小是有关系的。

可以说，这是一个展现植物和昆虫之间相互影响和关联的非常好的例子呢。

（保谷彰彦）

# 漂亮的花是怎样开出来的？

## 使花开放的植物

花，有着惹人喜爱的魅力。野花很招人喜爱，但这不是全部，它自己也承载着生产种子，繁衍子孙的重要功能。

通常我们所说的花，是指被子植物的花。据说被子植物的种类几乎达到30万种。品种不同，花的特征也就不同。我们可以发现，地球上有着数不尽的各种各样的花呢。

## 雄蕊和雌蕊的作用

花的使命就是产生种子。花由花瓣、花萼、花托、花蕊组成，每一个部分都有自己在生产种子中的独特作用。首先，我们来看一下雄蕊和雌蕊在生产种子中的作用吧。雄蕊是负责生产花粉的，通过雄蕊里面的花药这个部位来生产花粉。

雌蕊是负责接受花粉产生种子的。雄蕊中产生的花粉要沾到雌蕊的柱头上才行，柱头在雌蕊的顶端。雌蕊的根部有子房，如果柱头上接收到花粉的话，在子房这个部位就可以产生种子了。

像这样，想要产生种子，雄蕊和雌蕊都是必需的呢。

## 显眼的花瓣

那么花瓣呢？樱花和郁金香还有蒲公英之类的花，有着非常显眼的花瓣。有时候用眼睛来区分花萼和花瓣确实是一件难事。比如郁金香的花，由3片花瓣和3片花萼组成，看上去就好像有6片花瓣似的。

不显眼的花的代表就是水稻了。我们是离不开大米的。结出大米之前那水稻的花，你们见过吗？想象一下水稻在田里的样子，可能很少会有人脑海中浮现出水稻开花的样子吧。那是因为，虽然水稻是开花的，但是它的花却一点也不显眼。

## 花粉的传授方式

为什么会有像樱花这样显眼的花和水稻这样不显眼的花呢？这和雄蕊生产出来的花粉被传送到雌蕊的方式有一定关系。

让我们先从显眼的花开始看吧。显眼的花，有着招蜂引蝶的作用。昆虫会对显眼的花先做个记号，然后依次进行访问，采集花蜜和花粉。这时，昆虫身上沾着的花粉就会被搬运到其他的花上。花粉沾到花的柱头上，之后便形成了种子。显眼的花更好吸引昆虫。

通过昆虫来传送花粉的花，一般是显眼的花。和它相对的，是长得不显眼的通过风来搬运花粉的花。花粉是由风吹来的，所以就不需要有那么显眼的花了。

那些我们觉得漂亮的花，多数都是显眼的花。植物，原本

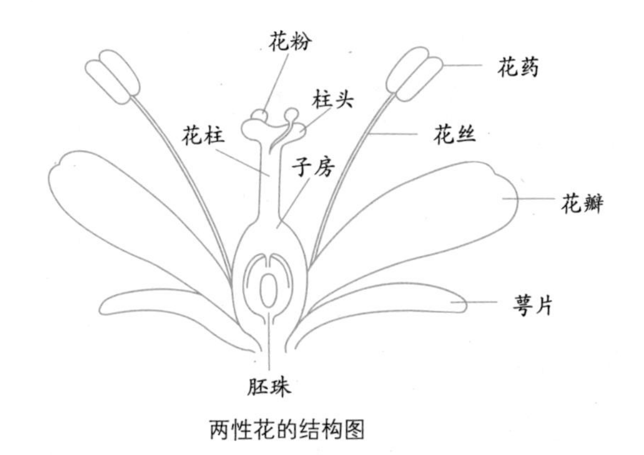

两性花的结构图

就是通过风来传送花粉的。然而，当慢慢有了昆虫授粉以后，能够结出种子的概率就变得非常高了。显眼的花会引来昆虫，到访的昆虫为了觅食花蜜，就会在花与花之间移动，结果就成功地为花授粉了。正是因为物种之间存在着这样复杂的联系，最终不管是花的种类，还是昆虫的种类，都变得越来越丰富。

（保谷彰彦）

# 玉米的“胡须”

## 从玉米上伸展出的“胡须”

甜甜的、水灵灵的玉米，是夏日里不可或缺的存在。我们知道，当玉米还在地里结果的时候，在包裹着叶子进入超市的时候，玉米果实的顶部就已经有一堆乱蓬蓬的“胡须”了。你们觉得那些“胡须”是什么呢？那些“胡须”啊，是让玉米结出果实所必不可少的呢。在找到答案以前，让我们一起来看看玉米是什么样的植物吧。

## “胡须”的真实身份

观察玉米，首先映入眼帘的，是它那粗壮的茎的顶端，那刷子状的部分。这个部分叫作“雄花穗”，聚集了很多的雄蕊。雄蕊制造出来的花粉，会随着风散播到四周。

从花变成果实，既需要有雄蕊，又需要有雌蕊。刚刚我们已经说到，在玉米的雄花穗上有很多的雄蕊，那么玉米的雌蕊又在哪里呢？

其实呀，那些“胡须”就是雌蕊呢。让我们再仔细地观察一下吧，最后都会在玉米上各个叶子的根部附近找到形成玉米的果实。果实会被一种叫作苞叶的特殊叶子包裹着。在生长期，苞叶里集中着一朵朵雌花，它们伸出的长长的雌蕊正是那些“胡须”的真实身份呀。

在胡须状的雌蕊顶端，还有更细的毛也分着叉，这样就更

玉米的全貌示意图

容易沾上花粉了。

“胡须”沾上花粉以后，不久便会结出果实了。我们吃的玉米，那一颗一颗的玉米粒，就是这样长出来的呢。每一粒果实，都连着一根胡须，所以，如果数一下那些乱蓬蓬的胡须的根数，就会发现，它的数量恰好和一颗颗玉米粒的数量是一致的呢。

## “胡须”上的花粉

花粉，是在茎的顶端的雄蕊中制造出来的。如果花粉从上面纷纷扬扬地飘落下来的话，会不会飘到自己的雌蕊上呢？其实啊，玉米有着一种特殊的结构，能使它自己的花粉不会沾到自己的“胡须”上。如果我们仔细地观察一株玉米，就会发现，当刷子状的雄花穗产生花粉的时候，下面果实上的“胡须”还没有成熟呢。像这样，雄蕊和雌蕊成熟的时段不同，自己的花粉就不会掉到自己胡须状的雌蕊上啦。要等到其他植株上的花粉跑到这株的“胡须”上，才会开始结果呢。

（保谷彰彦）

# 土豆在开花之后会结果吗？

## 地底下的茎就是土豆

土豆，是一种对我们来说非常重要的粮食。土豆在地底下的茎，会积蓄很多的营养，等它长得越来越胖，我们就可以把它挖出来吃了。

其实呀，我们经常吃的土豆，并不是在开花以后才结果的植物呢。虽然，土豆是会开花的，但是，它是怎样结出果实的呢？在回答这个问题之前，让我们先来简单地了解一下土豆的历史吧。

## 土豆的历史

土豆，和番茄、茄子还有辣椒一样，都是属于茄科的植物。可以说，土豆其实算是番茄和茄子的亲戚了。土豆，既有可以在田地里种植的人工栽培品种，也有可以在大自然中生长的野生品种呢。迄今为止，人们已经发现的土豆品种就有150种左右，其中，绝大多数品种都是野生的。土豆的人工品种约有7种，但是我们身边经常接触到的也就只有1种。现在，世界上的各种各样的土豆，其实都是通过这1个品种经过人工改良而成的呢。

现在普遍认为的是，野生品种土豆是在南美洲或中美洲及墨西哥诞生的。据说，在公元前5000年左右就开始种植栽培了。也就是说，可以人工栽种的土豆，有超过7000年的历史呢。

## 土豆的花

土豆的花和番茄的花长得很像。野生品种土豆会在开花之后结出果实；而现在我们经常吃的这种土豆，即便开花，也几乎不会结果。这是因为，在时间长河里，在一次次品种改良后，土豆开花后结果这件事就变得相当困难了。

一般种子是在果实里面的，不结果也就无法产生种子。那

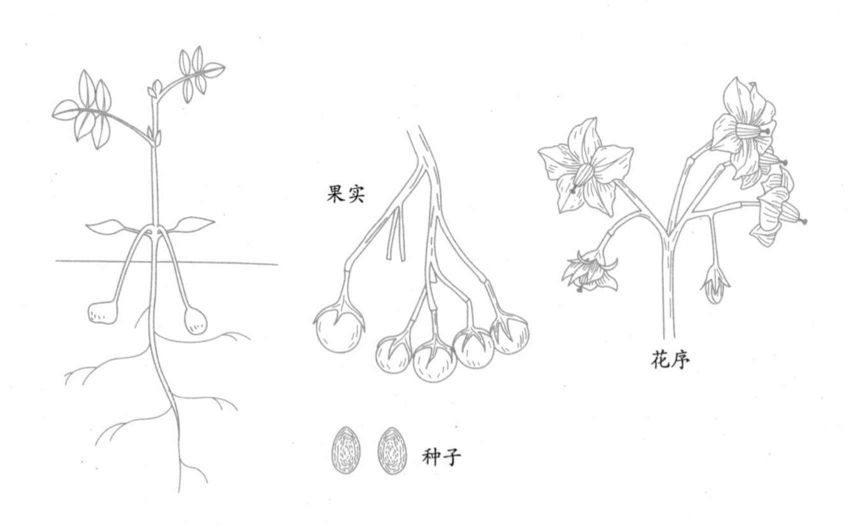

么，没有种子是怎样产生土豆的呢？

其实啊，土豆是通过发出来的芽繁殖的呢。不仅土豆是这样繁殖的，在野生的植物中，这样的繁殖方式也是很常见的。所以说，植物除了可以通过种子来繁殖，还可以通过身体中的某个部位，如根、茎、叶等来繁殖呢。

（保谷彰彦）

# 花生是在哪里结籽的？

## 花生

有连着外壳一起卖的花生，还有已经把外壳脱去只卖里面的花生米的花生。把外壳弄碎，一般可以看到里面有两到三颗花生米。这里说的连着外壳一起卖的就是花生的果实，花生米就是花生的种子了。

相传花生的原产地在南美洲的安第斯山脉附近，据说是哥伦布把它引入了欧洲，之后又扩散到了全世界。在日本，是从江户时代开始有了从中国带过来的花生，那个时候给它命名为“南京豆”，可是这个名字好像并没有被广泛地传播和使用。

进入19世纪下半叶以后，日本从中国和美国引进了花生的种子，开始在各地的农田中种植。其中，千叶县的土地非常适合花生的生长，所以成为日本最大的花生产地。

另外，花生是豆科植物，所以它的根部有根瘤菌（可以吸

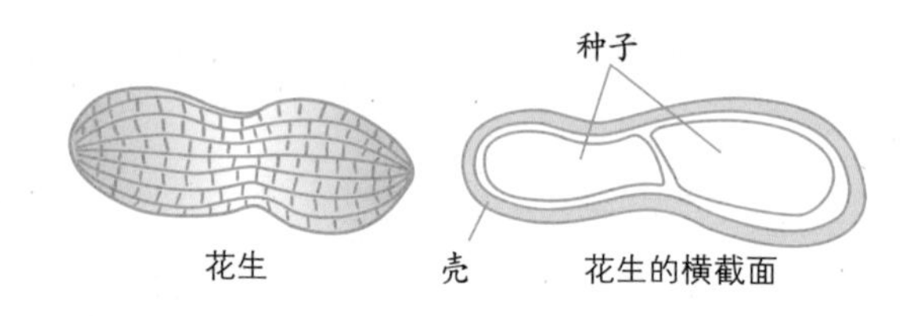

收空气中的氮气，不需要从植物中获取营养，而是能为植物提供氮素营养的一种细菌）和它共生。多亏有了这种根瘤菌，才使得本来贫瘠的土地上也可以长出健硕的花生。

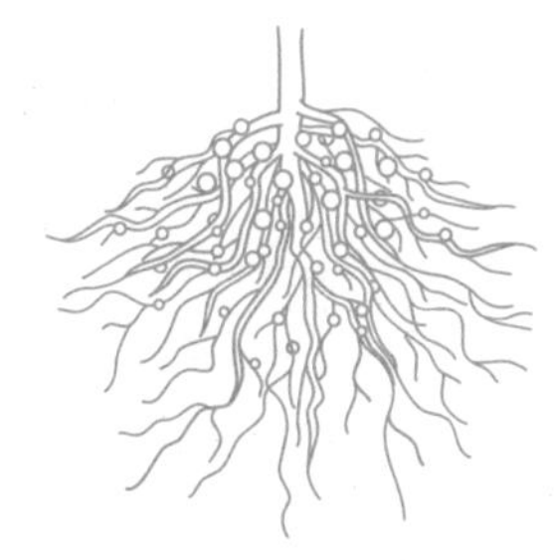
附着根瘤菌的根

## 果实的结出方式

花生和大豆、红豆、扁豆等同属于豆科植物。一般，豆科植物在开花以后，花的子房会直接变大，在豆荚中形成几粒种子。花生也是同样的，会先形成豆荚，然后在里面长出两粒种子。但是，它和其他豆科植物形成种子的方式有很大的不同。花生，会令人惊讶地在土中形成“豆荚”呢。

花生，又叫“落花生”，这个名字也是从它的结果方式中诞生的呢。落花生，在花谢以后的一周左右，会从花的根部长

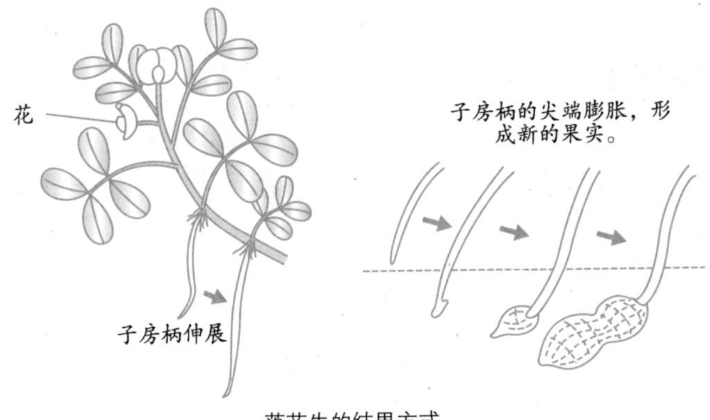

落花生的结果方式

出叫作“子房柄”的部分。子房柄的形状像针一样尖尖的，向着地面的方向伸展，直到扎进土壤里。进入土壤中的子房柄会弯曲着横向生长。那里就形成了“豆荚”，“豆荚”里面孕育了花生豆。再经过两个半月的生长，健硕的花生就长成了。因为正好是在花落以后从土壤中生长出花生豆，所以才给它起名为“落花生”。

## 尝试种植花生

让我们试着栽种一下带壳的花生吧。

因为芽会从豆子尖的一头长出来，而我们又很难知道是从哪个尖的一头长出来，所以，在种植花生的时候，一般将花生平放进土中2至3厘米深的地方。花生与花生之间留有约30厘米的间隔。如果是种在花盆中，那么30厘米的花盆就只能种一粒花生。

花生在发芽以后，会长得非常迅速，要保证它有充足的水分和阳光的照射。

待它长出叶子以后，可以观察一下它在一天中的状态。在白天的时候，它的叶子是展开的；到了夜晚，叶子就闭合着休眠了。我们可以看到，同是豆科植物的苜蓿、含羞草、合欢也是如此呢。

进入7月以后，花生会开出黄色的蝶形花朵。它的花谢了以后，在花的根部会开始长出子房柄。这一时期是非常关键的，如果帮助它让土壤覆盖到它的根部（培土），子房柄就会更容易扎入土中。别忘了浇水，细心呵护哦。

等到9月下旬的时候，稍微挖开一点土层，确认一下里面有没有正在生长的“豆子”。在11月，叶子开始枯萎的时候，就可以连根拔除，这就是收获。

（寄木康彦）

# 草莓上的小颗粒是什么？

## 果实指的是

通常开花的植物都是会结果的。植物的果实中，有像柿子一样，在种子的周围形成汁水充足的果肉；也有像向日葵一样，完全没有果肉，只有薄薄的皮覆盖着种子。其中，那些具有鲜美味道的果肉的植物，被称为“水果”。

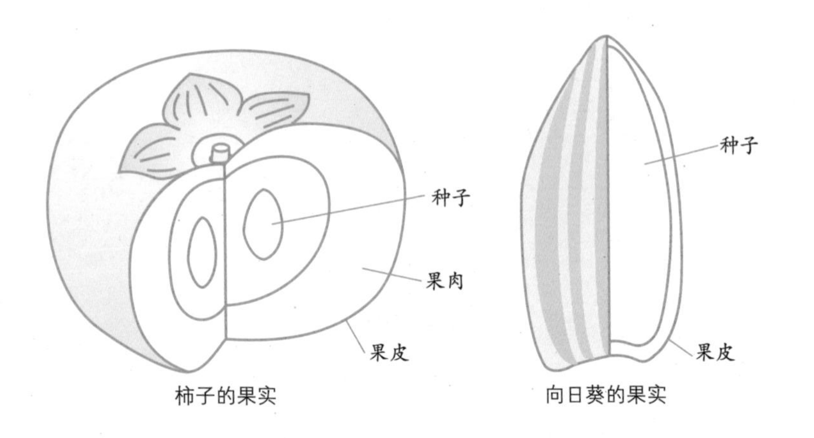


柿子的果实　　向日葵的果实

## 果实的形成

在从花变成果实的过程中，子房发育成果实，其中胚珠会

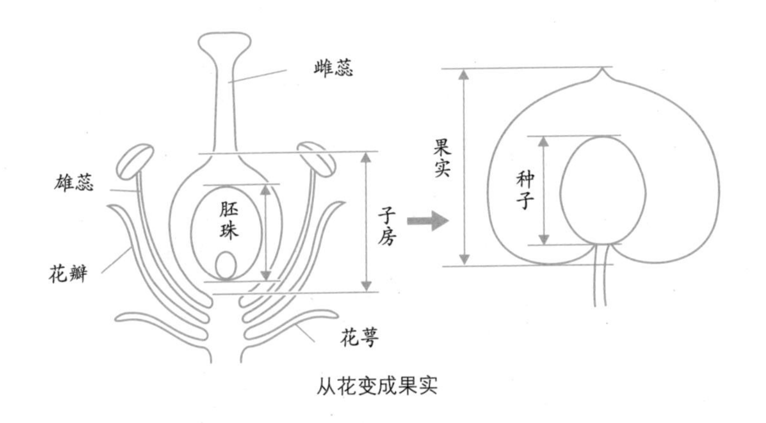

从花变成果实

发育成种子。像柿子、桃子等，它们的子房部分会积蓄丰厚的果肉和汁液，成为好吃的水果。如果将柿子的果实切成两半，就可以看到里面是有种子的。那么，草莓呢？草莓有红色的果肉，果肉的外侧还嵌着一个一个黑色的颗粒。如果一个一个黑色的颗粒是种子的话，那么也就相当于种子长在果实的外面了，那可是够奇怪的。

## 花托

花萼和子房中间的部分，叫作“花托”。有很多水果拥有大大的花托，比如苹果、梨、枇杷等蔷薇科水果。我们吃的部分，正是那个花托的部分。苹果和梨的果实，就是中间的果核的部分，也叫作“芯”，通常我们是扔掉不吃的。枇杷的果实，就是含有种子的周围形成的柔软的啫喱状的东西。

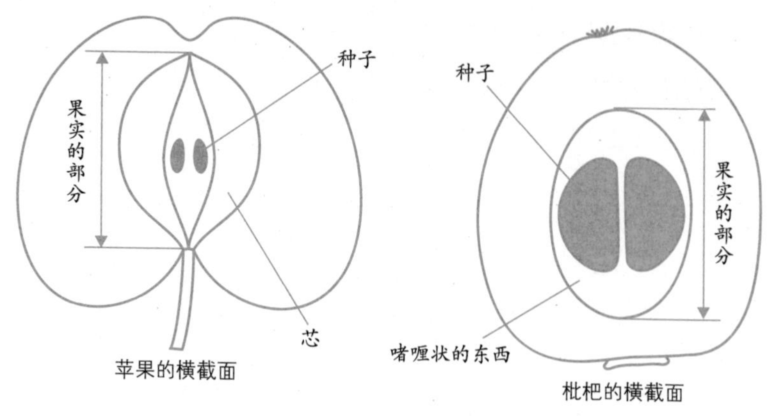

苹果和枇杷果实的横截面

## 草莓的秘密

草莓的花，看起来像是一朵，其实是由很多的小花集合在一起的呢。等那一朵一朵的小花成熟以后，就形成了果实。然后，花托的部分会渐渐地变大，最后变成红色的部分。也就是

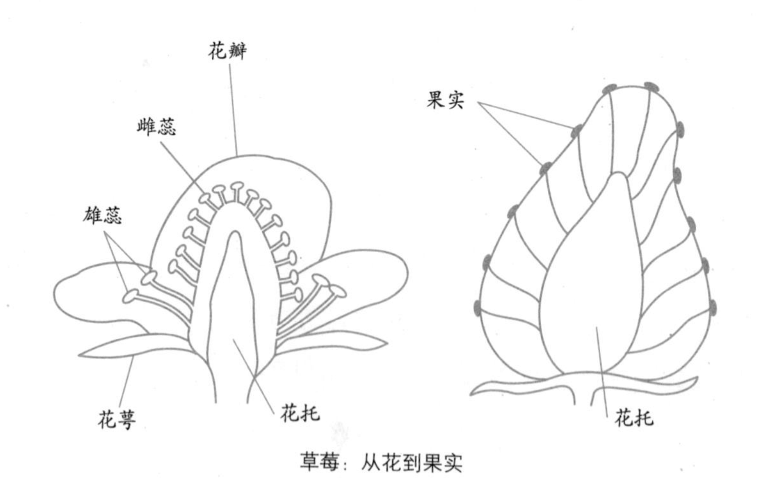

草莓：从花到果实

说，草莓上的一个一个的小颗粒，并不单是种子，而是没有果肉只有薄皮的果实。

（寄木康彦）

# 植物的叶子

## 是什么在进行光合作用?

植物通过“光合作用”为自己制造养分。植物那绿色的部分，就是它制造养分的地方。可以自己制造养分的植物，叫作“绿色植物”。在植物绿色的部分，有一种叫作“叶绿体”的物质，就是它负责进行着光合作用呢。在植物的各个部分中，光合作用最活跃的部位就是叶了。

## 为了有效地吸收阳光

你们有没有从植物的正上方和正下方观察过它呢？在森林里，我们经常看见树叶郁郁葱葱，十分繁茂，阳光都照不进来，给人一种微暗的感觉。为了能够更好地吸收阳光，叶子都使自己尽量不和其他叶子重合在一起，它们各自舒展着。这也算是为了能够尽可能多地吸收阳光，好为自己制造出养分所做出来的努力了。

要想使叶子繁茂，支撑它的枝和干都要结实才行。但是，像牵牛花之类的伸展藤蔓来生长的植物，会缠绕到其他植物上，避免自己辛辛苦苦才制造出来的养分被浪费掉。它们长不出很结实的茎，就只能在好好地生长叶子方面多花些心思了。

也有在其他植物不适合生长的地方长叶的植物存在呢。比如在容易被人踩或是易碾压的地方生长的车前草之类的植物。长在别的植物不易生长的地方，这样就减少了和其他植物竞争，这样的生长方式，也可以起到多吸收阳光的作用吧。

## 叶的结构

我们把薄薄的一枚树叶切开，放到显微镜下进行观察，会非常惊讶于叶子内部那超乎想象的复杂结构。叶子的表面，被很多非常小的细胞挤得满满的。细胞，是形成生物的最基本的结构单位。植物的细胞里面，有可以进行光合作用的“叶绿体”。为了很好地吸收阳光，叶子上才布满了细胞。

翻过来看叶子的背面，你会发现这里的细胞有很多间隙。为什么会是这样呢？用显微镜观察叶子的背面会发现，有很多像嘴巴一样的结构。如图中显示的，这个小洞就叫作“气孔”。气孔周围的像嘴唇一样的细胞就是“保卫细胞”。水蒸气、氧、二氧化碳等气体，都会通过气孔出入。光合作用所需要的二氧化碳会

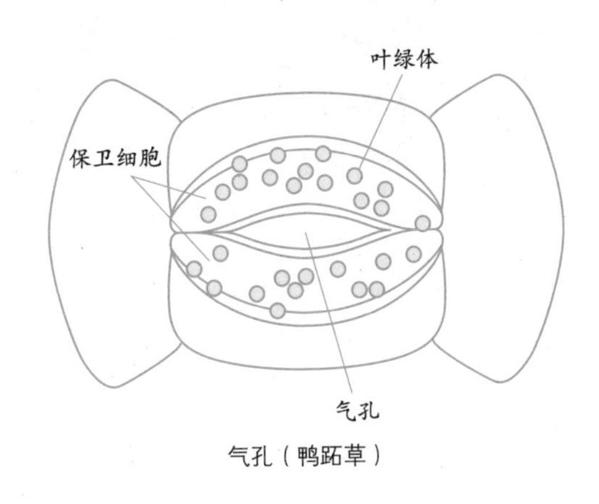

气孔（鸭跖草）

从气孔进入，然后被搬送到叶子表面的很多细胞那儿。因此，需要有间隙。

## 叶的纹路

植物的叶子有各式各样的纹路，有网状纹路的，也有直线纹路的。这些纹路就叫作“叶脉”。叶脉有着什么样的结构呢？

将植物放入有某种颜色的水中，植物就会被染成那种颜色。叶脉里面有水在流动。吸收来的水和无机盐通过的管道就叫作“导管”。

吸收来的水分，会通过刚才我们看到的气孔蒸发，这种叫作“蒸腾作用”。通过蒸腾作用，叶子可以继续再吸收水分和养料。

不仅如此，光合作用产生的养分等有机物还可以被植物身体的各处使用，营养可以被积蓄到果实和根部。有机物被搬运到各处，就要通过叶脉上的“筛管”。

怎么样？薄薄的叶子竟然也有这样复杂的结构呢。

（青野裕幸）

# 红紫苏的叶子含有可制淀粉的叶绿素吗?

## 试着提取出叶子的叶绿素吧

植物是利用绿叶接受光照来制造出淀粉的。这个过程中形成的绿色的色素，叫作“叶绿素”。正是因为有叶绿素，叶子才可以制造出淀粉。叶绿素，用水是提取不出来的，因为，它不会溶解于水。我们稍微想一下也能够想明白，叶绿素要是真的溶于水的话，那就糟糕了。因为，只要一下雨，叶子的绿色就会全部被洗掉，也就不能制造淀粉了呢。

那么，我们使用什么可以将叶绿素提取出来呢？记得我们在打预防针的时候，护士阿姨会先用酒精擦拭一下我们的手臂来消毒。叶绿素呢，就具有可以溶解于酒精（乙醇）的性质。

首先，我们可以准备一些生活中触手可及的植物的叶子，将叶子投入装有酒精的玻璃杯中。然后，使用电烤盘将杯子加热。不一会儿，叶子就开始掉色了，玻璃杯的酒精则呈现出美丽而透明的绿色。这些绿色，就是组成叶子绿色的叶绿素。

顺便说一下，酒精是非常容易被点燃的，所以，绝对不可以将装有酒精的玻璃杯直接架到火上，或者放到接近火源的地方。这个实验在操作的时候，一定要在大人的陪同下进行。

## 将红紫苏的叶子放到酒精中看一看

红紫苏的叶子，不像其他植物一样是绿色的，它的叶子是红色的。那么，它里面是不是就没有形成绿色的叶绿素了呢？

在本篇开篇的时候，我们已经提到过植物是利用光来让有叶绿素的绿色部分制造出淀粉的。植物和我们人类不同，它们不需要吃饭，只是利用太阳光就可以自己为自己制造出淀粉等营养成分。红紫苏也应该是利用光来制造淀粉的，但是它的叶子却是红色的。

为了验证一下，我们也将红紫苏的叶子像刚才实验中那样投入装有酒精的玻璃杯里，也同样地用电热烤盘为它加热，然后观察它的变化。结果是，装有红紫苏叶子的酒精，最终也呈现出透明的绿色。原来，红紫苏的叶子里也是含有叶绿素的呢。

## 为什么叶子看上去是红色的？

红紫苏的叶子明明是含有叶绿素的，可是为什么它看上去不是绿色的，而是红色的呢？实际上，红紫苏的叶子中，含有叫作“紫苏素”的红色的物质。正是那些红色的物质，将绿色的叶绿素给遮盖住了。

## 红紫苏以外的拥有红色部分的植物也可以制造出淀粉吗?

除了红紫苏的叶子，其他植物也有红色的部分。比如说，胡萝卜和红辣椒，它们是怎么回事呢？它们的红色部分中，是没有叶绿素的，因此，不能制造淀粉。红橄榄上的红色部分，也不含有叶绿素，所以也不能够制造出淀粉。

那么，秋天里变成红叶的那些叶子，会不会制造淀粉呢？红叶，是由绿叶渐渐地变黄或者变红的。这个时候，叶子一点一点地从绿色变成其他颜色，叶子中所含有的叶绿素也相应地一点一点地变少，也就渐渐地不能再制造出淀粉了呢。

（铃木腾浩）

# 根的作用

因为根都是藏在地底下的，所以平时我们是看不到的。其实，根除了吸收水分，还有很多其他的作用。

## 根的形态

植物的根在地下蔓延生长。植物地上的部分可以说是千姿百态，植物地下的根，也是根据类别不同各自有各自的特点，并不是所有的根都一样。

我们追溯根的形态特征，大致可以将根的样貌分为两类。一种是粗根和细根组合在一起的形态，我们试着回想一下牛蒡、胡萝卜、萝卜之类的样貌。另外一种是没有明显的粗根，只有胡须一样的根的形态，如玉米和水稻。在院子里或者校园里除草的时候，可以好好地观察一下那些杂草的根。酢浆草和蒲公英就是既有粗根又有细根；看麦娘那样的和稻子属于同一科的植物就只有须根。

## 根的作用

虽然植物的根形态各异，但是都具有三个主要的作用：一个是起到固定支撑植物的作用，根通过在地下的伸展，很好地固定和支撑植物，植物就不容易倒下；一个是吸收水分和养分的作用，从根吸收来的水分和养分会通过茎被输送到叶；还有一个是积蓄营养成分的作用，比如红薯，叶制造出来的养分会积蓄到根部。

## 生长点和根冠

通过上面所说，我们已经知道了根有各种各样的形态和作用。其实，根也有着一些共同的特征。其中一个就是，根都是向下生长的。根的顶端有一个叫作“生长点（分生区）”的地方，在生长点会有很多新的细胞产生，然后旺盛地生长下去。

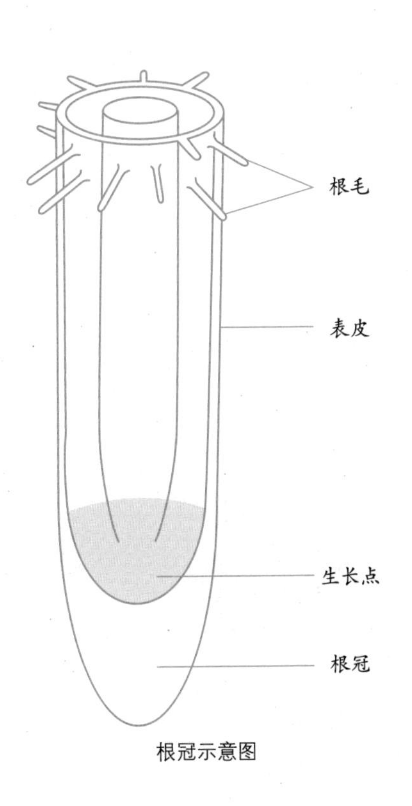

根冠示意图

根的生长点上，有一个部分叫作“根冠”，它起到保护生长点的作用。通过最近的一些研究我们可以知道，根冠还有其他的一些重要作用呢。

## 根冠的作用

第一，根冠能够辨别方向，可以感知到哪头是上哪头是下，所以它能保证根一直向下生长。

第二，根冠能够感知到水源的方向，引导着根朝着有水的地方伸展。土壤中的水分分布并不都是均衡的，那么对于植物来说，根能够感知到有水分的地方就非常重要了。

向下生长，感知水分，根冠的作用对于植物来说是最基础的保障。我们平时很少有机会能看到的根，似乎也有着很多的有趣故事呢。

（保谷彰彦）

# 通过根部吸收水分的通道

## 维系植物生长的水

要是不给庭院和花盆里的植物浇水会怎么样呢？那植物的叶子一定会变得皱巴巴的，茎也会跟着倒下吧。植物没有了水就会枯萎，如果在植物还没有完全枯萎之前给它浇上水，它又会很快打起精神，恢复到原来的样子。要想让植物保持生长状态，水是不可或缺的。

水在植物产生养分这一方面，也是不可缺少的。植物是通过光合作用来产生自己生长所必需的营养的。光合作用，主要是通过植物的叶来完成，必须要有水和二氧化碳作为原料才行。

从根吸收上来的水分到达植物身体的各个部分，就可以让植物保持生长样态不枯萎，进而制造出植物生长所必需的营养成分。因此，我们可以知道，向身体各处输送水分的结构，对于植物生长是多么重要啊！

## 水的通道

水是从茎的什么地方通过的呢？

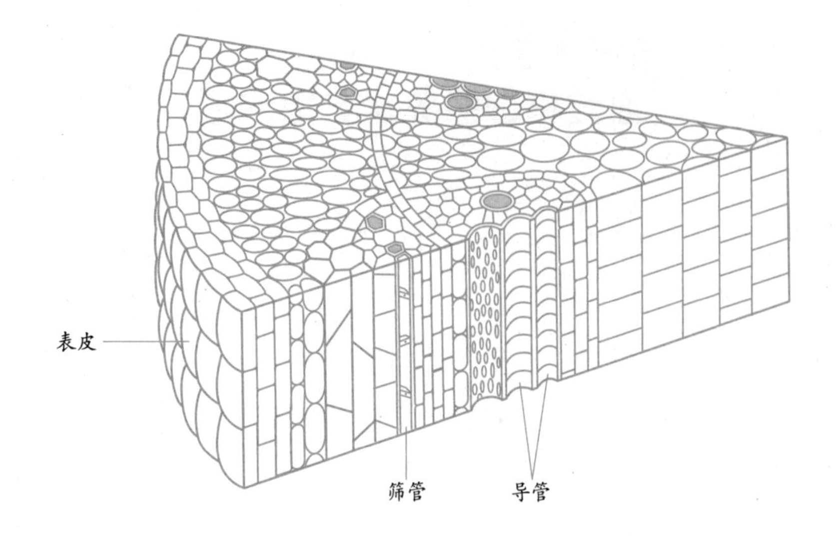


在茎上有很多细细的管道，它们主要可以分为两种：

一种是从根吸收水分上来的通道，叫作“导管”；另外一种是运送叶的光合作用制造出来的养分的管道，叫作“筛管”。

导管不仅在茎中存在，在根和叶中也有。那么叶的导管在哪里呢？叶上有叶脉，叶脉里就有导管通过。

用导管这样的管道将水分有效地配置，对生活在陆地上的植物来说，是非常重要的事情。

## 导管的形态

导管是水的通道，大家可能会想到胶皮管和吸管之类的非常光滑的管子吧？而实际上，导管是一节节的短管接到一起的，看上去就好像把圆竹筒底部拆掉以后，一个个拼接起来的样子。

为什么导管会是这个样子呢？

这应该和导管的形成有关系呢。

## 导管的形成

植物和其他生物的身体，都是由很多的细胞集合在一起组成的。细胞，是组成生物的最基本的单位。

导管就是在植物生长过程中，一些纵向连接在一起的细胞死亡之后形成的管道。细胞死亡之后，细胞里面的部分就会消失，但是细胞的外壳还会留在那里，最后变成一条管道的形状，这样一条条的导管就形成了。

宛如管道一样的导管，它们的形成伴随着的是一些细胞的死去，想想还真是挺不可思议的呢。

（保谷彰彦）

# 蒲公英的茎在哪里？

植物的身体包括根、茎、叶三个部分。茎，起到将叶好好地固定支撑起来的作用。可是，我们看到蒲公英之后会发现，蒲公英的花开完了，它的茎却还是生机勃勃的，感觉这好像和其他的支撑叶的茎不太一样呢。

## 茎和花茎

蒲公英在花开过以后，茎就会躺倒在地上。躺着的状态下，慢慢地种子就会成熟，不久它就又可以站起来了。之后，它的种子和绒毛会一起被风吹走。像这样时而倒下，时而立起，其实是茎在做运动。

实际上，这个看起来像茎一样的部分，名字叫作“花茎”。花茎是在各种草中可以看到的一种茎。拥有花茎的代表性植物有堇菜、酢浆草、车前草等等。

花茎虽然也是茎的一种，但是性质和茎会有一些区别。花茎是伸出地表的，端头长有花，而且花茎一般是没有叶子的。但是茎是有叶子的，在茎的端头部位会有叶和茎一同生长，茎和叶是组合在一起的。

蒲公英从开花到绒毛飞散期间的生机勃勃的运动，就是由花茎来支撑的。

话说回来，从一根主要的茎上分叉出来的部分叫作“枝”。特别是树木，粗大的树干上，有粗枝，也有细枝。但是粗枝和细枝之间，有时候是不好明确界定的。

### 蒲公英的茎

我们经常认为的蒲公英的“茎”，正确的叫法应该是花茎。那么蒲公英真正的茎在哪里呢?

让我们实地挖一株蒲公英来找找答案吧。挑战一下，不要伤到它的根哦，轻轻地挖，我们会发现它的根里面有粗根也有细根。粗根就是主根，细根就是侧根。它的主根竟然可以伸到那么深的地方，你们一定会对此感到惊讶吧。

然后，让蒲公英露出地表，把它的叶子铺开。像这样铺在

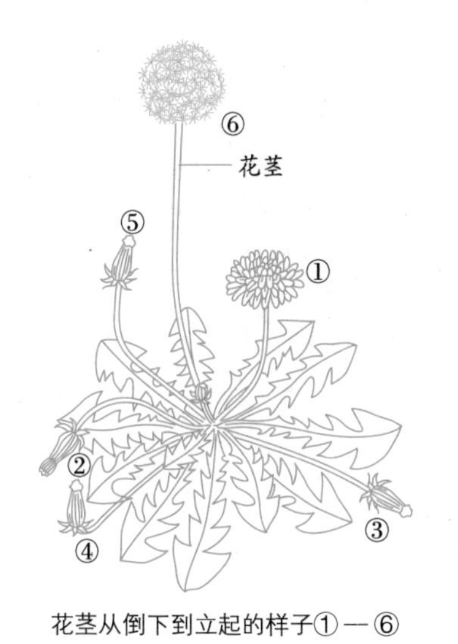

花茎从倒下到立起的样子①—⑥

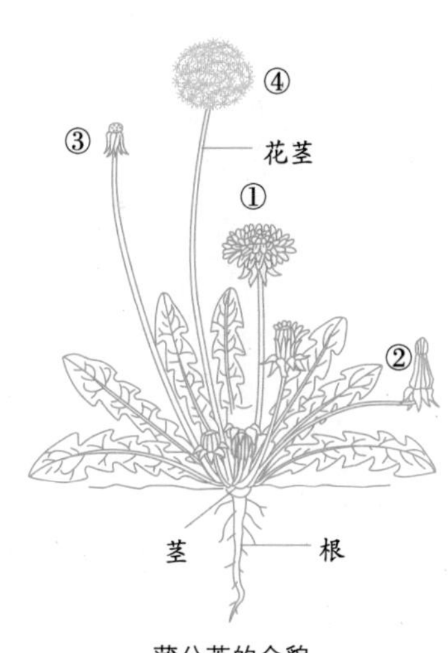

蒲公英的全貌

地表上的叶叫作“莲座叶”。蒲公英的莲座叶是从哪里开始伸展出来的呢？让我们好好观察一下这株挖出来的蒲公英。通过观察叶的底端，发现那里有一根茎是连着根部的。蒲公英的茎就在叶的底端尽头处刚刚露出地面的位置。根和茎的颜色会有些不同，所以如果留心观察的话，是可以看出来的。自己实地去观察，结果发现蒲公英的茎这么短，你们一定也很惊讶吧！

（保谷彰彦）

# 车前草是一种什么植物?

## 被踩踏

你们听说过一种叫作车前草的植物吗？在运动场的角落、马路边、山路上经常可以看到，无论什么条件，它都能够顽强生长。

车前草被踩呀踩，被踩过多少次都绝对不会认输呢，它会继续生长。它的叶子紧挨着地面铺散着，就算被折断也会像什么事情也没有发生一样继续生长，毫不认输。它有可以运送养分和水分的十分坚韧的管道，这个管道叫作“维管束”。因为

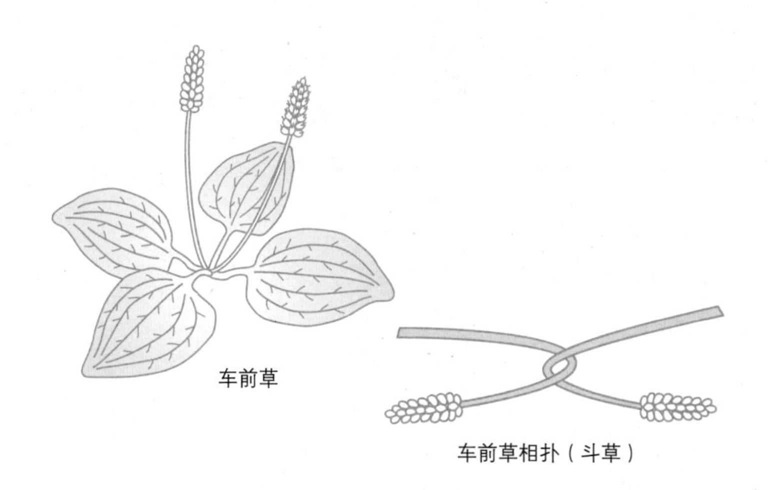

车前草

车前草相扑（斗草）

很结实，过去孩子们经常拿来把玩。那时候孩子们应该还不知道车前草那么坚韧的奥秘在哪里吧？

车前草的玩法，根据地方不同会有很多差异。其中一种玩法是将长得很长的花茎折下，弯曲对折成两段，然后把对折后的花茎交叉架在另一根已经对折后的花茎的折叠处，两个人向相反方向用力拉两根花茎，谁的断了谁就输。这种斗草（日本叫“车前草相扑”）的游戏应该很有意思吧。还有的玩法是将花茎折下，慢慢将里面白色的芯就是维管束拉出来，比一比最后谁的多谁的少。

## 车前草的花

车前草的花期特别长，可以从春天开到秋天。可是啊，虽然也是花，但是它的花瓣却很小，根本不像平时我们看到的花，所以就算开花，大家也不会察觉到。如果我们用放大镜观察，就可以看到一排纵向排列的小花了。它的花瓣有4枚。还可以窥视到它的雌蕊和雄蕊露出脸来的样子呢。因为它不依靠昆虫来搬送花粉，所

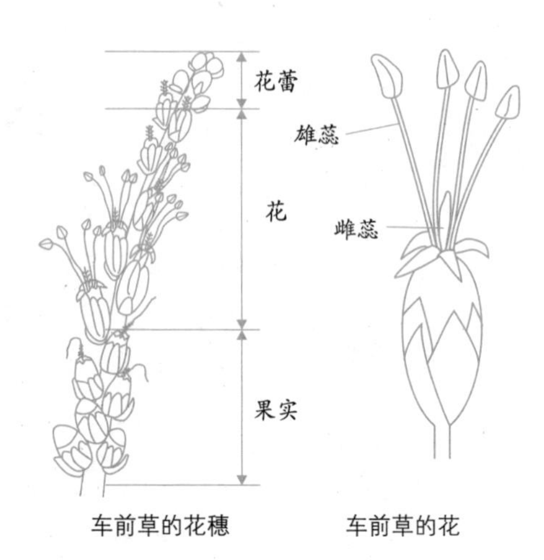

车前草的花穗　　车前草的花

以花瓣小小的，不那么显眼也没有关系。实际上，车前草是以风作为媒介来给它运送花粉的“风媒花”。

车前草的花，是从下往上依次开放的。所以有时你可以看到下面的花已经结出果实了，再往上看，上面一点的花，雄蕊正从花里面伸出来，在风中摇曳释放着花粉。然后再继续往上看，雌蕊顶端的柱头才刚刚露出脸来。看到最上面的时候，只有花蕾，花还没有开呢。如果赶上恰当的时间，就能看到这样的景象了。

## 附着在其他东西上被带走

车前草，确实是一边被人类和其他动物踩踏，一边还能顽强生长的植物。真的仅仅如此吗？也许，它还会利用被踩踏的时候做点什么吧。事实上，只要是人们走过的路上，都会长出不少车前草呢。这样来说的话，似乎人类反而还帮助车前草扩散了呢。

车前草的种子在干燥的状态下，看起来和普通的东西没什么两样。一旦落到地上，沾上了水气，会释放出黏液，变得有黏性。这样，就可以粘到人们的鞋上或汽车的轮胎上被带到很远的地方，然后在新的地方开始发芽了。车前草就是这样在人类途经的地方扩散生长起来的呢。

（寄木康彦）

# 卵的种类和环境

## 脊椎动物的出生方式

像人类一样拥有脊柱的动物，包括鱼类、两栖类、爬行类、鸟类和哺乳类等。

下面，让我们一起来了解一下不同种类各自的繁殖方式。

## 产不产卵

我们人类是在母亲的肚子里面发育长大，这样的繁殖方式叫作“胎生”。其他的动物还有以卵进行繁殖的。这样的繁殖方式叫作“卵生”。根据动物的种类，就算是卵生，也会有很大的区别。根据卵的不同性质，我们是不是可以发现点什么呢?

## 没有壳的卵

卵巢是产卵的地方，不仅是会产卵的动物有卵巢，胎生雌性动物的体内也有卵巢。胎生的动物，并不是不产卵，而是在身体里面已经完成了产卵。

鱼类的卵是没有壳的。就好像是没有壳的鸡蛋一样，蛋清蛋黄是裸露在外的。因为没有壳，卵本身很容易受伤，也很难抵御外敌的入侵，所以，鱼类总是会产很多很多的卵，尽可能多地留下一些可以存活的子孙。鳕鱼的卵巢里，有数十万颗鱼卵，尽管如此，能够长大成年的却是凤毛麟角。

### 被胶质膜包裹着

我想一定有人曾经带回过蛙的卵来养殖吧。蛙的同类都被叫作两栖动物，它们产下的卵，都是由胶质膜包裹着的。和壳相比较，这种物质虽然脆弱了很多，但是也多多少少可以起到保护卵的作用。尽管如此，产在水中的卵仍然非常害怕干燥的环境，因此生产数量更多的卵还是很有必要的。比如青蛙，就要产下2000～3000个卵呢。

### 有壳的卵

龟和蛇那样的爬行动物，乌鸦和鸡那样的鸟类，是在陆地上产卵的。爬行动物的卵和鸟类的卵比起来，虽然外壳会柔软一些，但是在抗干燥和防止外敌侵犯方面要强得多。一般来说，青蛇产卵，最多也达不到20个；有着硬壳的鸟类的卵数量会更少。比如乌鸦吧，它的产卵数量啊，仅仅有3～5个。

话说回来，拥有外壳有时也会比较困扰。大家知道吗，从商店里买回来的鸡蛋，即使给它孵热也不会有小鸡生出来的。

那是为什么呢?

要想生出小宝宝，仅仅有卵是不够的，需要有雄性产出的精子和雌性产出的卵子结合成为一体才行，这个结合成一体的现象叫作“受精”。如果是没有壳的卵，那么雄性的精子只要粘到卵子上就可以了。可是如果是有壳的卵，就无法那样轻易地使精子和卵子结合在一起呢。所以啊，在卵长出外壳之前，就一定要先让它受精，也就一定要提前有可以让它受精的交配行为发生呢。

应该有很多人都看过海龟爬到沙滩上产卵的纪录片吧。为什么海龟要把卵埋到沙子里呢？当然一方面是想把卵隐藏起来，另外还有其他的原因。鸟类的卵，一般是由它的妈妈来孵的；可是海龟的卵，却不是海龟能孵得出来的。海龟的卵呀，是太阳照射沙滩这样的加热方式给孵出来的呢。

（青野裕幸）

# 地球上最大的蛋

## 地球上最大的蛋被拍卖了

2009年3月，在英国伦敦，已经灭绝了的大鸟——象鸟的蛋被公开拍卖了。

在300多年前，巨大的象鸟还生活在位于非洲大陆东南海面的马达加斯加岛上。它是一种有着3米身高的巨鸟。随着岛上生活的人越来越多，它们经常被猎捕，生活地点也经常被抢夺，结果，这种巨鸟就慢慢地灭绝了。

象鸟

《乘船的辛巴达的冒险》中，出现过一只叫作“大鹏”的巨大的怪鸟，据说大鹏鸟的原型就是象鸟呢。

这种大鸟的蛋，质量大约为10千克，是鸵鸟蛋的7倍多，高35厘米，短轴22厘米。

## 现在的生物中，鸵鸟蛋最大

现在，就地球上还生存着的生物来看，最大的蛋，是鸵鸟的蛋。鸵鸟蛋的高为17厘米，短轴为15厘米，质量为1.5千克。

鸡蛋，通过给予温暖来孵化，要用20天左右。鸵鸟蛋的话，需要花费42天左右的时间。

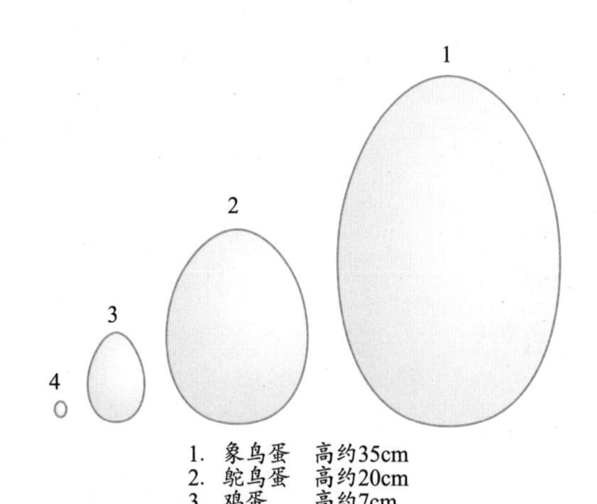


象鸟蛋、鸵鸟蛋、鸡蛋、蜂鸟蛋比较图

## 世界上最小的蛋

现在，地球上最小的蛋，高约为11毫米，短轴约为8毫米，重约0.3克。生出这样小的鸟蛋的，是生活在南美森林中的蜂鸟。它体长4～6厘米。雄鸟就更小了，体重约2克，是鸟类中最小、最轻的了。

蜂鸟

蜂鸟会吃花蜜或者昆虫、蜘蛛之类，与蜂等食用花蜜的昆虫之间存在着花蜜之争。

（左卷健男）

# 动物的肚脐

## 肚子上的肚脐

大家的肚子上都有一个肚脐呢。“如果使劲抠肚脐的话，肚子就会疼的”，你们是不是也被这样说过呢？还有啊，肚脐为什么是凹陷着的呢？

下面，就让我们一起来看一下肚脐的结构吧。

## 母亲生下来的

大家应该都知道，我们在出生以前一直是生活在母亲肚子里面的。母亲的肚子里，就好像一个恒温游泳池一样。那时候，我们当然不能自己呼吸，也不能自己找点什么东西吃。

在母亲的肚子里，有一个叫作胎盘的地方，胎盘连接着一条像管道一样的脐带。胎儿可以通过这条脐带，从母亲身体中吸取到营养成分和氧气。就这样，在母亲的肚子里生活10个月的时间，胎儿渐渐地长大，最后就出生了。

在出生以后，因为要离开母亲的身体独自生活，所以，一直以来和母亲身体相连接的脐带就被剪断了。那么，脐带曾经存在的痕迹，就是大家现在的肚脐了。

使劲地抠肚脐，肚子之所以会疼，是因为肚脐距离肚子里面实在是太近了，几乎没有其他的东西隔离、保护肚子里面。

话虽如此，凹陷的肚脐里面确实积存着不少的垃圾，还是有必要慢慢地仔细清理一下呢。

大家身边的猫啊、狗啊、仓鼠啊之类的，它们也是从它们母亲的肚子里生出来的。那么，它们有肚脐吗？如果身边正好有宠物的话，可以和它商量一下让你瞧一瞧哦。它们的肚脐虽然不会像我们人类的肚脐那样显眼，但也应该是没有被毛覆盖着的。

一次可以生出好多幼崽的猫和狗，它们的母亲身上有好几条脐带为肚子里的幼崽们提供着营养。当幼崽出生以后，母亲会用嘴巴将连接着孩子的脐带咬断。

像这样在母亲的肚子里长大，然后出生，这类动物是哺乳动物。你们知道“哺乳”这个词的意思吗？“奶瓶”大家应该是知道的吧？就是给婴儿喂食牛奶的瓶子。哺乳类动物，通常在出生以后，会喝母亲的母乳。哺乳指的就是用乳房来给婴儿喂奶呢。

## 没有肚脐的动物

那么，存不存在没有肚脐的动物呢？其实呀，除从母亲肚子里出生的动物以外，还有以卵的形式出生的动物。比如大家经常吃的鸡蛋，观察一下会发现，蛋黄的表面会有圆形的白色部分。这个白色的部分如果继续发育的话，就会变成小母鸡或者小公鸡了。小鸡在出生以前，都是蛋黄在为它提供着营养。

蛋壳，空气是能够通过的，但是，营养成分却不能够通过。蛋黄，里面主要就是充足的营养成分。那么，可能有人就会惊讶地觉得“啊，那我吃鸡蛋是不是就夺走了小鸡的营养呢？”或者“明明可以变成小鸡的，却被我吃掉了”之类的。其实啊，这些担心是完全没有必要的。一般，售卖用的鸡蛋都不是可以孵出小鸡的受精卵。所以，不管怎样保温加热，也不会孵出小鸡来的呢。让我们多吃富含营养的鸡蛋，变得更健康吧。

从刚刚的角度来说，正因为小鸡不是从母亲身体来获取营养的，所以才没有脐带，自然也就没有肚脐啦。

当然，像鱼和蛙这样的，以卵的形式出生的动物，就全部都没有肚脐呢。

（青野裕幸）

# 小小地出生，慢慢地长大

你们曾经在电视节目中，看到过野生动物的生活吧？

像斑马和牛羚这样的草食动物，从母体中被生下来之后，就立即可以站起来自己行走了。这是因为，它们身边环伺着很多以它们为猎物的天敌。如果，像我们人类一样到学会走路需要花很长时间的话，它们就无法在大自然残酷的世界中继续生存了呢。

但是，在野生动物中，有的幼崽是极小的。下面，我们就来介绍一下这样的动物的生活吧。

## 袋鼠和考拉

袋鼠和考拉，是生活在澳大利亚的动物。袋鼠的妈妈，因为肚子上面有一个育儿袋而广为人知。而实际上，考拉身上也有着同样的育儿袋。

我们将主要生活在澳大利亚的身上有育儿袋的动物称为“有袋类”。这类动物，生出的幼崽极小，可以直接放进育儿袋里，一直养育到它们长大为止。说到“极小”，你们想象的是多小呢？是不是像鸡蛋那么小呀？

大袋鼠有的体重高达80千克，可它们刚出生的时候，体重也不过只有1克。所有的有袋类动物，它们生出的幼崽都是极小的，然后一直在育儿袋里面养大。那么，妈妈们的口袋里到底是什么样子的呢？

还不到1克重的幼崽，非常努力地进入到育儿袋以后，会吸食里面的母乳，不断地成长。考拉和袋鼠的母乳，都是在育儿袋里面的。

之后，经过很长一段时间，等到长大了，幼崽们会从口袋里伸出小脑袋，自己可从口袋中跳出来。其中，貌似也有一些比较能撒娇的，会一直在妈妈的口袋中待到很大。

我们有时候在动物园里，也可以看到有的小袋鼠正从妈妈的口袋中探出头呢。

## 虽然不小

与刚才我们提到的牛羚、斑马的孩子相比较，人类的孩子如何呢？人类的小孩出生时的体重一般为3～4千克，已经不能说是小小的了。可是人类小孩，在妈妈的肚子里一待就是10个月，长大以后才出生。而且，出生以后，别说是走了，爬和翻身也是不会的，甚至连抬头也是不行的呢。

我们人类，和其他动物不同，我们是用两条腿来走路的。据说，因为尾骨的形状也和其他动物差别很大，所以不能像其他动物一样等到长得可以走路了才生下来。但是，婴儿的握力，如果以相同身体比例和我们来比较的话，是相当大的。也就是说，人类的小孩完全具备继续生存生长的力量。

和其他动物相比，我们人类可以说是以不成熟的状态出生的，然后被爱意呵护着成长的。这也正是人这种生物的独特之处。

（青野裕幸）

# 食物在身体中都去了哪里？

## 为了生存必须要吃！

我们的身体是由什么组成的呢？不管是动物还是植物，当然也包括我们人类，所有活着的生物都是由细胞组成的。那么细胞有多大呢？细胞啊，是只有通过显微镜才能观察到的非常非常小的东西呢。

虽然所有的生物都是由细胞组成的，但是区别还是很大的。既有只有一个细胞组成的单细胞生物，也有像我们人类这样的由近60兆个细胞集合而成的多细胞生物。

我们之所以活着，正是因为有着60兆个细胞存活着，活动着。一个一个的细胞，是利用氧气来分解营养成分的。为了给身体各处的细胞送去营养，我们就必须得吃东西。

## 食物是怎样变小的？

我们每天都会吃米饭呀，面包呀，肉呀，鱼呀，还有蔬菜之类的食物。但是像米饭和肉，是不能直接被身体里那些只有在显微镜下才能看到的细胞所吸收的。为了能让身体里的小细胞吸收，需要把吃进嘴里的食物变得非常非常小，甚至是用显微镜来观察，都小到很难看到的大小呢。

那么，食物是在我们身体的什么地方，怎样变小的呢?

我们吃到嘴巴里的食物，首先是通过咀嚼这个动作在嘴里被嚼得很细的。这个细的程度，是可以用眼睛观察到的。之后，食物就会通过食道被输送到胃里。在胃里，食物一般停留2~4小时，和胃液混合在一起。胃里有一种盐酸，会为它们杀菌。像肉这样的蛋白质，主要是依靠胃来使它变细的。就算变细了，也还是能用眼睛看到。要想为细胞所吸收，就还需要变得更小更小才行呢。

当食物在胃里变得黏糊糊的之后，就会被送到十二指肠。十二指肠是有近6米长的小肠的起始部分。食物在十二指肠中会和胰腺分泌出的胰液还有肝脏分泌出的胆汁混合在一起。这会使食物变得更小。这些消化液就是帮助吃进去的食物变得更小的一种物质。

食物在长长的小肠中不断地前进，不断地被变小，最后变成能够被细胞吸收的非常非常小的状态。这个过程，就叫作“消化”。

### 食物是怎样被搬运到各处细胞的?

食物，通过胃和消化液的作用，变得能够被细胞吸收以后，食物里的营养会首先在小肠被吸收。小肠很长，前半部分主要是用来消化食物的，后半部分就是用来吸收已经消化了的食物中的营养的。

小肠的周围被一种非常细的血管所包围，这种很细的血管叫作“毛细血管”。被这些毛细血管吸收的营养，会通过遍布全身的血管，被搬运到各处细胞。

## 身体不需要的东西是什么？

不是所有的食物都能在小肠里被消化和吸收，也有一部分是不被身体所需要的。在小肠里被吸收完营养的这部分黏糊糊的液体，会进入大肠。进入大肠以后，其中的水分会逐渐被吸收，慢慢地就成为大便。最后，通过肛门排泄出来。

从嘴巴到肛门，食物经过的道路，形成了一条管道，这条管道就叫作“消化道”。在这条消化道中，通过时间最长的，就是大肠了。

（铃木腾浩）

# 到烤肉店去了解一下可食用的动物内脏吧

## 在烤肉店吃到的都是什么？

在烤肉店里，我们可以吃到猪肉啦，牛肉啦，还有动物内脏之类的。说到肉，通常指的是肌肉的部分。腿肉，指的是脚部的肉。里脊肉，指的是牛、羊、猪的脊骨内侧的肌肉，脂肪少，很美味。内脏的营养非常丰富。

下面，就给大家介绍一下，在烤肉店里经常可以吃到的几种动物内脏吧。

## 肝（肝脏）

肝脏，是内脏中最大的，颜色是比较有特点的红豆色。在商店的肉类售卖处可以看到，是人们非常熟悉的一种内脏。肝脏，所承担的工作是制造出名为“胆汁”的消化液，将摄入的营养转化成糖原，分解身体中的有毒成分，发挥着重要的作用。肝脏没有纤维，吃上一口，会觉得非常软嫩。因为富含维生素和铁，所以经常被人们食用。但是，它里面含有很多的血液，会有一股血腥味，所以，吃不来的人也很多。

### 心（牛心）

心脏的肌肉，纤维非常细，所以嚼起来会感觉嘎吱嘎吱的。心，吃起来要比肝的血腥味少得多，所以，还算是比较容易被人们接受的食材。育成牛的心脏，是由非常坚韧的肌肉组成的。

### 大肠和小肠

大肠，外表看上去和有些泛白的皮肤颜色很相近，里面有很多褶皱。小肠，比大肠要细，油脂要更加丰富，吃起来的口感会更加柔软细腻。所以，除了烤肉中会用到小肠，一些炖煮菜品中也会使用到。

### 牛的瘤胃（第一胃）和网胃（第二胃）

牛是反刍动物，吃进去的青草几乎不会经过咀嚼就直接进入到胃里。之后，进入到牛的第一胃的青草会返回到嘴里，再进行细细地咀嚼，咀嚼完毕以后再咽下去。胃里面会分泌出消化液来消化食物。

牛的第一胃，就是我们熟知的“毛肚”，肉比较厚，是白色的。因为它很有嚼劲，所以是很受食客欢迎的部位。

牛的第二胃，由于里面的“毛”排列的形状好像蜂巢一样，是六角形的，所以日语名字里面有“蜂巢”的意思。中文中将它命名为“网胃”。它的口感比起第一胃略硬一些，但是富有甜味儿。

### 牛的瓣胃（第三胃）和皱胃（第四胃）

牛的第三胃和第四胃，就不具有反刍功能了。牛的第三胃是“瓣胃”，就是我们熟知的“百叶”。从第二胃过来的食物，大块的，会返还给第二胃；小块的，会直接送给第四胃。第三胃，像肠一样具有吸收营养的功能，嚼起来嘎吱嘎吱的。牛的第四胃，叫作“皱胃”，是牛的真胃，也具有像肠一样的可以吸收营养的作用。比起其他的胃，皱胃颜色要更红一些。如果大家去烤肉店的话，各种各样的食材都要体验一下哦。

（横须贺　笃）

# 喘气的时候

## 数呼吸，有点难

让我们试着自然地去呼吸，你们能不能数出来，一分钟要吸气多少回呢？像这样，测量一分钟的脉搏数量是比较简单的，但是换成数呼吸就变得很困难了。这是为什么呢？让我们抱着这个问题，先来看一下呼吸的原理吧。

## 一定要呼吸

心脏跳动着，为我们的身体输送着血液。心脏运动时的节奏跟脉搏是一致的。想要人为地让心脏跳得快点，也是快不起来的。但是呢，运动之后或者受到惊吓以后，心跳就会加速。那是它自己在调节，并不是谁的主观意志可以控制的呢。

和心脏输送血液同样，如果不呼吸我们就无法生存，所以一定要呼吸。和心跳不同的是，呼气、吸气或闭气都是我们人为可以控制的。当然，激烈的运动过后，有时自然呼吸也会变得很困难。

因此，真正想要去数一数自己的呼吸次数，真的没有那么容易啊。你会有意无意地去改变呼吸频率。

## 哪里在动？

呼吸的时候，我们身体的哪个部位在动呢？让我们试着触碰自己的身体来找到答案吧。

如果深吸一口气的话，胸部的骨头就会动，还有腹部也会动。从鼻子或嘴巴吸进来的空气，经由喉咙处的一条结实的管道进入肺部，那条管道就是我们说的“气管”了。在肺部，气管会产生很多分支，就是“支气管”，再往下还有更细的部分呢。

空气到达肺部以后，首先经过的是一个叫作“肺泡”的地方。肺泡，就好像很小的葡萄串，它的周围包裹着很多毛细血管。通过这些非常细的血管，就可以把从空气中得来的氧溶入到血液中了。

虽然肺就是这样活动着的，但是，它并不是由那些可以自

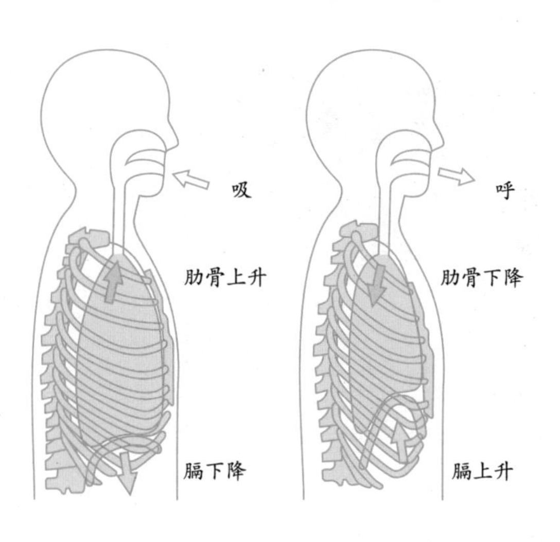

己活动的肌肉组成的。

## 因为胸骨和腹部在动

肺长得像一个口袋一样，自己是不可以活动的。使肺可以一会儿膨胀一会儿复原的是一种叫作“肋骨”的骨头。肋骨保护着肺和下面叫作“膈”的肌肉等身体组织。

膈向下降的时候，新鲜的空气就可以通过鼻子和嘴巴吸进来。相反，膈要是往上升的话，肺里面的空气就可以呼出去。这样循环往复的呼和吸，就是我们所说的“呼吸”了。

大家都知道靠自己是完全可以停止呼吸的。膈的活动自己

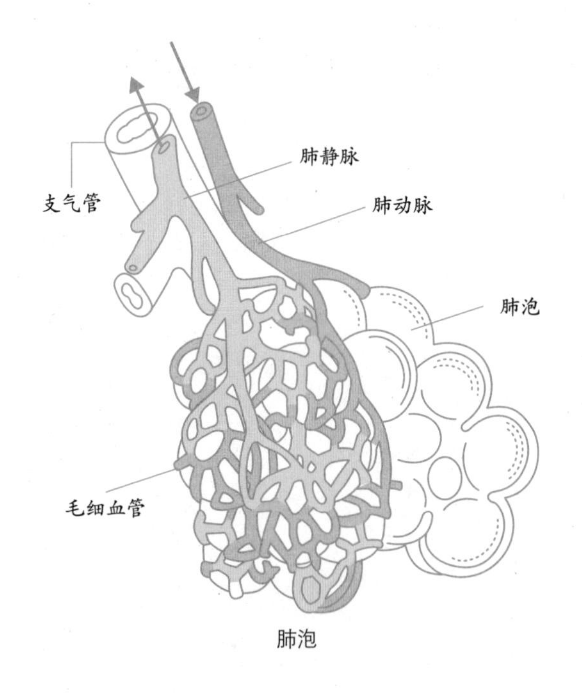


肺泡

也完全可以控制。在我们的日常生活中，运动起来，是需要更多的氧气的，呼吸自然也就加快了。

### 用力吸气的话

大家有没有过肌肉颤抖着抽筋的经历呢？这也是自己的意志不能左右的事情，但要是抽搐的是膈，会发生什么呢？膈抽筋的同时，是不断地有空气进进出出的。对了，那就是“打嗝”。打嗝，其实就是膈抽筋以后，空气进入肺里面引起的呢。

（青野裕幸）

# 肝脏有着什么样的功能？

## 在超市和农贸市场可以看到

你们见过肝脏吗？我们虽然见不到人的肝脏，但是牛和猪的肝脏还是比较容易见到的。为什么呢？因为，在超市和农贸市场里面卖肉的地方就有卖的呀。超市里面卖的切成薄片的肝，就是肝脏的一部分。大家都吃过韭菜炒猪肝这道菜吧？据说，人的肝脏和猪的肝脏，是比较相似的。

## 最重的脏器

那么，肝脏在我们身体中的哪里呢？是在肚子的位置呢，还是在后背的位置呢？肝脏呀，在我们右胸口偏下一点的位置上。大人的肝脏质量，在1.3千克左右。你们用

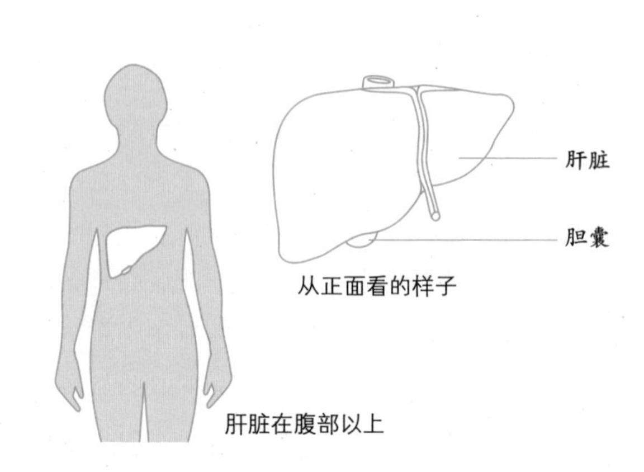

肝脏在腹部以上

手拿过装着1千克白砂糖的袋子吗？肝脏的重量和1千克白砂糖是差不多的，也就稍微重那么一丁点儿。肝脏是我们人体中最重的器官了。它的颜色，和我们在超市里买到的猪肝的颜色基本上相同，都是暗红色的。硬度的话，可能是和有点硬的橡皮泥差不多吧。

## 身体里的化学工厂

身体中最重的脏器——肝脏，有着很多的功能，可以说是身体里的化学工厂呢。下面就给大家介绍一下肝脏的最为重要的三个作用。

第一个作用，主要是积蓄营养，为身体各部分输送营养。我们每天要吃米饭、面、蔬菜、肉类等食物。吃进去的食物被消化分解以后，小肠会从中吸收营养，之后，将营养再输送给肝脏。比如说，米饭中含有的淀粉，会被分解成葡萄糖后吸收，然后被输送到肝脏。接下来，葡萄糖会转化成糖原，积蓄在肝脏里。当体内营养不足的时候，肝脏就会将积蓄的糖原再转化为葡萄糖，向身体中输送。

第二个作用，是将有毒的物质转化成无毒的物质。我们是在身体中分解蛋白质的，分解的同时，会产生氨。味道难闻的氨，对于人体来说就是有害的。将有毒的氨转化为没有毒的尿素的，正是肝脏。还有，成人们喝起来感觉很爽的啤酒等酒类中含有酒精。酒精，对身体来说就是有毒的。将酒精转化成无毒物质的，也是肝脏。饮酒过量，把肝给喝坏了的，大有人在。那些人喝了太多的酒，以至于超过了肝脏处理能力的上限。将有毒的酒精转化成无毒的物质，也是有一定限度的呢。

第三个作用，将身体中的废弃物破坏掉，创造出新的物质。比如，血液中有一种红色的叫作“红血球”的物质。据说，红血球的寿命有100多天。肝脏，会将老旧的红血球破坏掉，然后以此为基础，制造出叫作“胆汁”的液体。成年人的身体，一天大约可以制造出1升的胆汁。脂肪，是营养元素。胆汁具有让脂肪更容易被吸收的作用。

## 能够保持体温多亏了肝脏

肝脏，除了以上介绍的三个最主要的功能，还有很多其他功能。肝脏发挥各种各样作用时，身体可以释放出很多的能量。释放出来的热，最后通过血液被运送到全身。因此，肝脏还具有保持体温的作用呢。

（铃木腾浩）

# 胎儿会不会大便和小便？

## 人的生命起点

我们人类的生命起点，是一颗受精卵。它的细胞直径约为0.14毫米，如同铅笔尖的大小。用肉眼看的话，需要使劲地看，才好不容易能够看到。受精卵，是由承载着母亲遗传基因的卵子和承载着父亲遗传基因的精子结合而形成的。

卵子和精子的结合，叫作“受精”。受精，一般是在输卵管（参照下图）中发生的。从受精开始的24个小时以后，细胞分裂就开始了。从1个分裂成两个，从两个分裂成4个，这样不断地进行分裂，细胞的数量不断地增加。据说，在受精后的4天半，细胞的数量可以达到100个以上呢。这个时

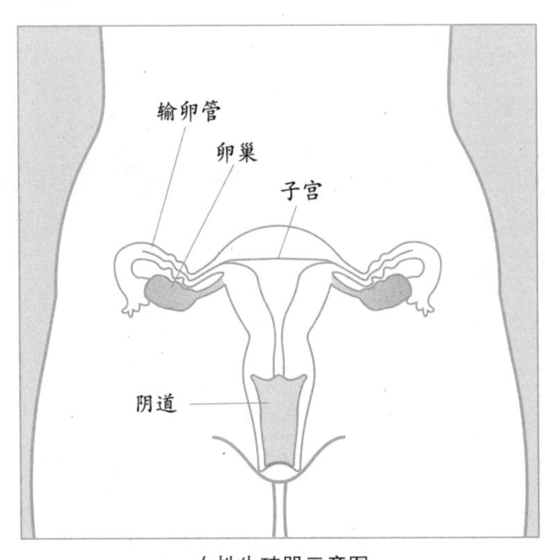

女性生殖器示意图

期的孩子，还没有人的外形，只是一团细胞而已，称为“胎芽”。

终于在受精后的6至9天的时候，浮游在输卵管中的胎芽，就附着到母亲的子宫里（着床），开始吸收营养了。这个时期的胚胎，真的是非常非常小呢！这时候的孩子，有着鳃和长长的尾巴，感觉完全不像人类孩子的模样。像是从鱼类、两栖类、爬行类、哺乳类，再到人，整个生物进化的过程经历了一遍，最后才变身成人类小孩的样子。

### 胎儿会喝自己的尿吗?

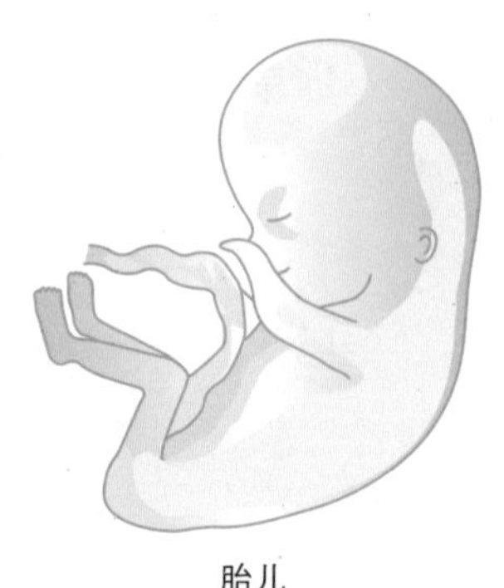
胎儿

从胎芽长成到有人形的胎儿，心、脑、肾、肝开始工作，是在受精之后的10周左右。这时候，胎儿开始小便了。胎儿会把尿和包围着自己的羊水一起喝进肚子，然后这些液体会被胎儿的肠吸收，再通过胎盘被输送到母亲的血液中。

### 大便和小便的区别

大便，指的是吃下的食物中无法被吸收的排泄物。婴儿必须要从口中吃东西，才能够排泄。

而小便，指的是在身体细胞中创造的废弃物的集合。只要细胞还活着，就一定会产生小便。胎儿虽然不会产生大便，但却会产生小便。因此，怀着胎儿的母亲，不仅要应对自己的小便，还要处理腹中胎儿排泄的小便，真是够辛苦的呢。

（左卷惠美子）

※胎便，指的是在婴儿出生后的两三天内排出来的黑绿色无臭粪便，是漂浮在羊水中的婴儿皮肤细胞的集合体。因为婴儿在母亲体内的时候，是饮用羊水的，自己散落在羊水中的皮肤细胞无法被消化，所以就直接积存到肠子里面了。

# 伤口为什么会结痂？

## 红色血液

摔倒蹭破了膝盖，用刀划伤了手指，就会流出红色的血液。但是，不知道从什么时候开始血就止住了。你们知道血液有什么作用吗？在这里，让我们一起了解一下血液的作用吧。

我们身体中的血液的质量，是体重的1/13左右。也就是说，体重45千克的人，血液的质量是3.5千克左右。血液是红色的液体，但不是只有液体。血液中还有三种小颗粒。

在那些小颗粒中，最多的就是红血球了，正是它，让我们的血液看起来是红色的。红血球的形状像个圆盘，它发挥着让氧气可以到达我们身体的各个角落的作用。从肺部得到充足氧气的红血球，会从心脏里被挤出来，然后通过血管到达身体的各个部位，最终释放出氧气以后，再循环回来。红血球含有铁元素，所以，血液的味道中有铁的味道。

三种颗粒中，还有一种是白血球。它几乎是透明的，负责抵御细菌等外敌入侵我们的身体。白血球进行战斗的场所，一般是在伤口处，或者鼻黏膜的位置。白血球可以自己活动着将细菌包围起来，然后吃掉。在刚刚感冒的时候，流鼻涕会很厉害。大量正打算从鼻子入侵我们身体的细菌同白血球发生战斗以后死去了的躯体，就在鼻涕里。当然，白血球也并不是无敌的，那些鼻涕中，也包含有“战死”的白血球呢。

## 堵住伤口

三种小颗粒中的最后一种，也是主角，就是血小板。血小板的颗粒会更小。平时什么也不用做的血小板，在身体皮肤受到损伤，血管被割破的时候，会发挥巨大的作用。

流着血液的血管，一旦被割破，就会出血。这时，血小板就登场了。它会在伤口附近变化成尖尖刺刺的形状。这些尖尖刺刺会粘在血管的破口和伤口处。那些流到身体以外的血小板，会形成像细线一样的东西。血小板陆续地集合起来，那些细线不断地增加，形成黏糊糊的状态，血液就不容易流出来了。

所以，在止血之前，血液会像泥一样，就是因为这个原因。红血球也交织在那些像线一样的东西里一起干燥，血就止住了。之后，伤口变得越来越干，痂就形成了。

## 液体是血浆

如果只有我们刚刚说到的三种固体成分的话，血液是不能够在血管中流动的。所以，血液中还有液体成分存在。这种液体成分叫作血浆。

在因轻微刮蹭而受伤的时候，伤口处有时会渗出透明的液体，这就是血浆。血浆，负责搬运人类活动时产生的二氧化碳。同时，血浆中还含有使血小板更加坚固的必要物质。

## 血液更替

实际上，我们身体中的血液是不断地进行更替的。红血球的寿命是120天左右；白血球的话，由于种类很多，所以寿命不等，一般是从10天到几周的时间；血小板的寿命仅仅有10天左右。营养匮乏，不能制造出血液的话，就糟糕了。所以，我们一定要保证身体摄入充足的营养才行。特别是生成可以搬运氧气的红血球，需要有铁。所以，要多吃点菠菜和肝脏等富含铁元素的食品。

（青野裕幸）

# 能吃东西的生物

## 动物和植物

在我们的周围，生活着很多的生物。将它们整理为各个小组，就叫作“分类”。

分类的方法多种多样，可能其中大家最容易理解的方法，就是分成动物、植物、微生物三大类了吧。当然，仅仅这样分类是无法将生物划分清楚的。但是，今天，我们就先一起来看下动物和植物两者间有什么区别吧。区别的话，当然也不会只是简单地从会动和不会动的角度来看。

## 自己制造营养

在过去，有一个叫海尔蒙特的人。他所在的时代，人们认为“植物是通过根吃土来长大的”。海尔蒙特认为那是不正确的，于是，他花费五年的时间做了一个只给柳树苗浇水来培育柳树的实验。五年过后，柳树苗茁壮地长大了，但是，土壤的重量却丝毫没有减轻。这，就验证了海尔蒙特的想法是正确的，也就是，植物并不“吃”土。其实，植物所需的主要营养是自己制造的。

像这样植物通过自己来制造出营养成分的作用，称为“光合作用”。

光合作用，需要使用到水和空气中的二氧化碳。水和二氧化碳会在光的能量作用下，转化成淀粉等营养成分。

## 能吃东西的生物

我们每天必须要吃点什么东西才能生存，和只是接受光照就可以自己制造出营养的植物，生活的方式完全不同。

不管是什么种类的动物，都必须要通过食用其他生物，来为自己的身体获取营养。这就是不能够自己制造营养的动物的宿命。

食物，经过消化，被吸收到身体中，变成各种活动能量的源泉。

依据动物吃什么东西，又可以将动物分为草食动物和肉食动物。而实际上，一直支持着动物生活的，是植物。因为肉食动物会食用草食动物，所以最终还是靠植物来支持生存的。

我们人类当然也是同样的。我们食用各种各样的被加工出来的食品，但是，食物的最终出处肯定是植物。

不单是陆地上的动物，还有水中生活的动物，像鱼啊，乌贼啊，螃蟹啊，都是以食用其他生物为生的。所以，支持着动物生存的，确实是植物呢。

## 食虫植物是动物吗？

你们知道像捕蝇草和猪笼草这样的食虫植物吗？食虫植物捕捉昆虫来食用，那么食虫植物是动物吗？

食虫植物和其他植物一样，都是绿色的。绿色，是进行光合作用的植物所具有的特征。因为，食虫植物也要进行光合作用，所以它们也呈现出绿色呢。

食虫植物，属于可以自己制造营养成分的植物这一类。那它为什么还会像动物一样捕捉其他的生物呢？

食虫植物，一般生活在肥料稀少的土地上。虽然，它也是可以通过光合作用来为自己制造养分的，但是，如果想要长得更挺拔，就需要土壤中含有肥料。而在肥料稀少的土地上生长的食虫植物，为了补充那部分不足的营养，就分解昆虫来吸收营养了。

（青野裕幸）

# 肉食动物、草食动物、杂食动物

## 不同的饮食不同的身体结构

动物，是依靠食用其他生物为生的。根据动物都吃些什么，可以将动物分为肉食动物、草食动物和兼食肉与植物的杂食动物。我们人类和同样是哺乳动物的一些动物，被如此划分，有些啥区别呢？让我们一起来看一看吧。

## 眼睛位置的不同

有很多人的家里都饲养有宠物吧。猫和狗作为比较有代表性的宠物，它们原本其实是肉食动物。狗和猫的眼睛，都是向正前方看的。

草食动物中的兔子和仓鼠，也可以当作宠物来饲养。眼睛的位置是在脸的侧面。为什么会有这样的不同呢？

让我们做个实验来看看吧。准备两支自动铅笔。手拿着自动铅笔，胳膊向前伸直。闭上一只眼睛，只用一只眼睛看东西，试着将两支自动铅笔的笔尖对上，发现想要对上还是没有那么容易的。同样的实验，我们用两只睁开的眼睛来做，就会很容易了。为什么只用单眼来看就对不准呢？

肉食动物是要捕获猎物的。这时候，就需要使用双眼来寻找猎物。正像实验中我们看到的那样，用两只眼睛一起来看东西的时候，看到的物体和物体之间的距离是准确的。肉食动物想要抓住拼命逃跑的猎物，是不允许有错误的。所以，眼睛长在前面，就可以自然而然地用双眼来看东西了。

相反，草食动物必须要时刻小心不知道什么时候就会突然来袭的敌人。因此，比起能够判断准确的距离，具备能够大范围环视四周的能力更为有用。所以，它们的眼睛都是长在脸的侧面的，能够注意到相当大的范围之内的风吹草动。

## 食物和牙齿的关系

肉食动物的牙齿是尖的，特别是犬齿会比较发达。这样，在捕获猎物的时候就可以一招制胜了。肉食动物的臼齿也非常尖锐，这样更容易将肉咬烂。

草食动物的臼齿会比较宽大，这样可以方便将草类食物磨碎。

门牙的话，有两种。一种是可以将草削薄的牙齿，另外一种是像仓鼠和老鼠一样咬硬东西的牙。松鼠的牙齿十分坚固，可以将硬硬的核桃轻易地咬开。

## 内脏的结构

下面是肉食动物和草食动物的内脏图，请大家注意一下肠的长度。

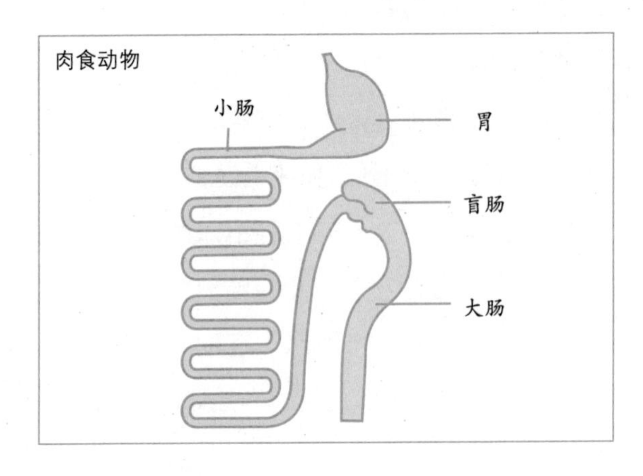


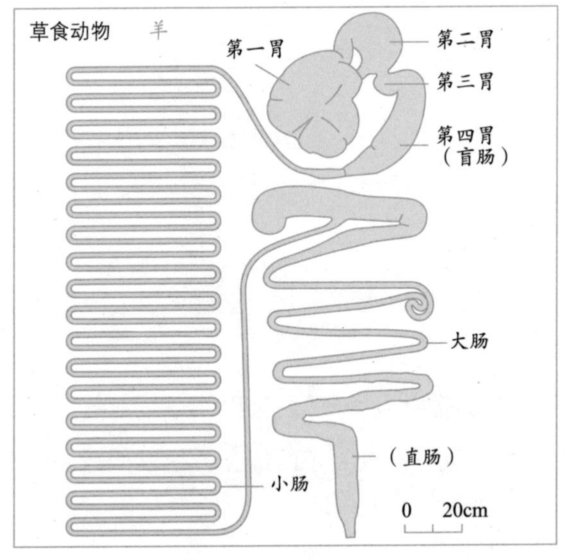


草食动物，以特别难以消化的草作为主食。只是依靠自己的力量的话，是不能将食物分解的。它们的肚子里有很多的细

菌，是这些细菌在帮忙分解食物。所以，肚子里就长期“饲养”着可以分解食物的细菌。由于消化耗时较长，食物会长时间储存在肚子里面，所以要有很长的肠。

肉在胃液中是很容易被消化的。所以，肉食动物的消化道会比较短。

## 介于肉食动物和草食动物之间的杂食动物

像我们人类一样什么都吃的动物，被称为“杂食动物”。杂食动物的身体结构特征也恰好兼有肉食动物和草食动物两者的特征。牙齿，还保留有犬齿，而臼齿却是宽大的，可以磨碎食物。总是容易被人们误认为是肉食动物的熊类，其实也和人类一样拥有杂食动物的身体。它的牙齿非常巨大，但是臼齿却是平的。

（青野裕幸）

# 蚂蚁是植物身体的守护者

你们有没有见过蚂蚁在植物的茎和叶上跑来跑去的样子呢？蚂蚁究竟是在做什么呢？

## 守护植物的蚂蚁

植物是不能自己进行移动的，所以要是动物想吃它们的话，它们是跑不了、躲不掉的。但是植物为了不让动物吃掉，自己也会做一些努力。比如，蔷薇就长有很多刺，有的植物身体里有毒等。这些都是为了防止被吃掉而进行的很好的防御。

还有很多其他的防御方式。比如，找一个保安来保护自己。蚂蚁就起到了保安的作用。蚂蚁有着强有力的下巴，还擅长集体作战，对于想要吃植物的昆虫来说，是一个恐怖的威胁。面对那些昆虫的来袭，这些蚂蚁就像是植物的守护者一样战斗着。而且它们还会把边上其他植物多余的枝叶移走，好让阳光充足地照射本植物。它们就好像是守护植物的园丁，辛勤工作着。

## 给蚂蚁的报答

蚂蚁为什么要保护植物呢?

人们认为，那是由于植物给蚂蚁提供了蜜。樱花、野梧桐、虎杖等很多植物身上，有一种除了花还可以分泌出蜜的器官，叫作“花外蜜腺”。植物种类各有不同，所以有从茎、叶、芽和果实等不同的地方分泌出蜜的植物存在。那些蜜中含有氨基酸、糖等蚂蚁所需要的营养成分。蚂蚁就是被那些蜜所吸引来的。

说到除蜜以外的回馈的话，植物中还有可以为蚂蚁提供巢穴的。金合欢及与其同科的植物，就会给蚂蚁提供一所带刺的房子用来居住。

这样，植物和蚂蚁之间就产生了一种剪不断的关系。植物的蜜和巢穴吸引着蚂蚁，结果就是，蚂蚁会像一个巡逻警察一样保护着植物。

有人曾经做过一个将蚂蚁从金合欢上移走的实验，结果，金合欢很轻易就被昆虫吃掉了。这可能就是因为失去了身体守护者所导致的呢。

## 没有蚂蚁的岛上的植物

蚂蚁和植物的关系是怎样建立起来的呢？太平洋的夏威夷岛上有一个很有趣的例子。

夏威夷岛，原本是一个没有蚂蚁的特殊的岛。通过调查曾经生长在夏威夷岛的植物发现，很少有植物拥有花外蜜腺。也说不清楚是不是因为没有蚂蚁。植物和蚂蚁，互相影响着，慢慢地就形成了蚂蚁好像保安一样守护着植物的关系了。

（保谷彰彦）

# 地球的氧气是谁创造的？

## 太阳系的星球和氧气

以太阳为中心运转的行星，除了地球，还有水星、金星、火星、木星等。但是，其中拥有氧气和水，又存在生命的星球就只有地球了。那么，地球上为什么会有氧气呢？

## 太阳系中星球的形成和地球的变化

太阳系的群星，都是由飘浮在宇宙中的尘埃集聚到一起，慢慢长成一颗小星球，然后经过星与星之间的碰撞，再变成大星球的。星与星碰撞之后，大地会变热，会涌出水蒸气、二氧化碳、氯化氢（放到水中就会形成可以溶解铁的盐酸，是强酸气体）、氮等气体。水星、金星、地球都经过了这样的变化。

在地球上，很多水蒸气在冷却之后就变成了水，然后在地表积聚形成海洋。海洋，将覆盖在地球上的氯化氢溶解，海水就变成了酸性的海水。之后，酸性的海水把岩石也溶解掉了。溶解了岩石的海水，之后又将覆盖着地球的二氧化碳也吸收了。

## 生命诞生和氧气的关系

海水溶解了很多物质之后，慢慢就产生了适合孕育生物的环境。就是在这片海中产生出了作为生命之源的“蛋白质”，继续进化，进而就诞生了原始生物。

原始生物通过吸收海水里含有的营养物质，进行生长繁殖。但是渐渐地，海水中含有的营养物质变得越来越少了，所以就诞生了通过利用光能和二氧化碳来提供营养（称为光合作用）的新生命——植物。植物在光合作用中创造出了地球本来没有的氧气。

不会被海水溶解的氧气，最后升到了天空中，使覆盖在地球上的空气里的氧气含量增加。

澳大利亚的叠层石

### 氧气增加的话，地球会怎样变化？

空气中氧气含量的增加，使地球发生了巨大的变化。氧气覆盖着地球，慢慢地产生了臭氧层。有了臭氧层的保护，曾经强烈照射地球的紫外线就减少了，海水中的生物才第一次开始到陆地上来生活。之后，那些生物的身体结构变得越来越复杂，然后进化成更大的生物。现在我们能够生活在地球上，多亏了有覆盖在地球之上的能够吸收紫外线的臭氧层呢。

### 原始海洋中产生氧气的蓝藻

在原始海洋中，有一种能够产生氧气的生物——蓝藻。蓝藻是细菌的同类，是一种很小的生物。它自己就可以制造营养，所以可以繁殖出很多同类，遍布海底。

这种可以进行光合作用的蓝藻聚集以后形成的硬块，叫作“叠层石”。从太古的海洋一直存续到现在的叠层石，还在继续制造着氧气呢。

（横须贺　笃）

# 编写者介绍

Writer

## 左卷健男

本书主编。1949年出生。于日本千叶大学攻读本科学位，于东京学艺大学攻读硕士学位。先后任东京大学教育学部附属初高中教师、京都工艺纤维大学教授、同志社女子大学教授、法政大学生命科学学部环境应用化学系教授等。专业为理科教育、环境教育。著有《有趣的实验：物品制作事典》（共同编著，东京书籍株式会社）、《新科学教科书》（执笔代表，文一综合出版社）等。

## 青野裕幸

1962年出生。毕业于北海道教育大学。寿都町立寿都初级中学教师、月刊*Rika Tan*（理科探险）副总编辑。在名为“wisdom 96”的社团组织中和同伴们一起就“怎样上好课”进行验证研究。参与编写了《再学一次初中理科》（实业出版社）、《最新初二理科课程完全指南》（学习研究社）、《新科学教科书》（文一综合出版社）等。

## 左卷惠美子

1949年出生。东京教育大学（现筑波大学）研究生毕业。勤医会东葛护士专科学校兼职讲师。专业为生物教育。参与编写了《人类遗传的100个不可思议》（东京书籍株式会社）、《新高中生物教科书》（讲谈社）、《成人重新学中学生物》（软银创意株式会社）等。

## 铃木腾浩

1961年出生。东京农业大学农学部本科毕业。埼玉县松伏町立松伏第二初级中学教师。专业为理科教育。参与编写了《初中理科课程中的高中入学考试问题》（明治图书）等。

## 保谷彰彦

1967年出生。东京大学研究生毕业，博士（学术型）。科普作家。代表作有亲自策划和编写的《蒲公英工作室》。就职于日本国立天文台天文情报中心。专业为植物的进化和生态。参与编写了《外来生物的生态学》（文一综合出版社）、《觉得有道理的生物问题》（技术评论社）等。

## 横须贺　笃

1960年出生。埼玉大学教育学部本科毕业。埼玉县公立小学教师。参与编写了《有趣的实验：物品制作事典》（东京书籍株式会社）、《环境调查手册》（东京书籍株式会社）等。

寄木康彦

神户市立本庄初级中学教师，*Rika Tan*（理科探险）编辑策划委员。